やさしいイラストで
しっかりわかる

地形のきほん

山や平野はどうできる？ 地震や大雨で崩れる土地とは？
地球の活動を読み解く地形の話

目代邦康 著　笹岡美穂 著

JN212942

はじめに

私たちが暮らす地球の自然は、とても多様です。さまざまな生きものが暮らし、その生きものが相互に影響しあっているさまざまな生態系があります。さまざまな生態系が存在している理由の１つは、それぞれの場所の地形が多様であるからです。地球の生物の多様性は、地形の多様性の反映でもあります。

私たちの生活も、それぞれの場所の地形によって大きく異なります。平野では、人類は生活の場として、また生産の場として、水が得やすい場所を利用しつつ、一方で洪水などの自然災害を受けにくい場所を選んで、暮らしてきました。山地では、急な斜面の中にわずかにある平らな場所を選んで、生活が営まれてきました。現代のような土木技術が発達する前から、地形の特徴を見抜いて、それをうまく利用できる人がいて、そうした人が持つ技によって、農業、漁業、林業などが行われ、自然災害による被害を最小限にする暮らしが営まれてきました。文化の多様性もまた、地形の多様性の反映といえます。

このように、それぞれの場所の生物界の特徴や人間の文化の特徴は、地形の影響を受けています。その地形について知ることは、そこに広がる自然環境、文化の持つ意味を、さらに深く理解することになるでしょう。地形を知ることは、豊かな暮らしとは何かを考えることにもつながります。

地形の理解は、私たちの身を守ることにも役立ちます。火山の噴火、山崩れ、河川の氾濫など、みな地形に痕跡が残っています。日本列島は、世界の中でも地形の変化が激しい場所です。今ある地形から、過去の地形変化の歴史を自分で読み取ることができれば、生活の場所を選択するときに役に立ちます。私たちは、地球上のさまざまな動きを地形から読み取ることができるようになれば、安全で快適な暮らし方を考えることができるようになるでしょう。

読者のみなさんには、この本をきっかけにして、「地形」に注目し、それぞれの場所の成り立ちや、今後起こりうる変化について、そして、これから私たちはこの地球でどのように暮らしていくべきか、理解を深めていただきたいと思います。

2025年1月

目代邦康　笹岡美穂

もくじ

Chapter 1
地形を理解するために

Chapter 2
山の地形

Chapter 3
平野と海の地形

Chapter 4
地質と地形

Chapter 5
地形と生活

Chapter 6
地形を調べる

Chapter 1

地形を理解するために

地形ってなんだろう

地球の表面はさまざまな形をしています。こうした地表面の形のことを地形といいます。私たちの暮らしは、この地形の影響を大きく受けています。日本列島の地形を大きく分けると、低くて平らな土地である平野と、高く険しい山地とに分けられます。面積の割合は平野が25%、山地が75%です。この25%の面積の平野に日本の人口のほとんどが暮らしています。これは日本だけでなく、世界中の大きな都市のほとんどは平らな土地に位置しています。

地形は、それぞれの場所で個性があります。同じ地形は２つとありません。例えば、砂でできた海岸である砂浜は、その広さ、形、砂粒の種類や大きさ、そこに打ち寄せる波の強さなど、それぞれの場所により異なります。地形は長い時間をかけてつくられてきたものであり、その場所の変化の証拠でもあります。そのため地形を理解すると、その場所の地球の歴史や土地の条件を知ることができます。

地形は、形を変えていきます。その変化はときどき起こり、その時間的間隔には長いものも短いものもあります。人間の一生の間では、見ることができない変化もあります。そのため、地形はそれほど変化しないものだと考えている人も多くいます。しかし、変化しない地形はありません。

地形が激しく変化すると、人間の生活に影響を与えます。それが自然災害です。この地形の変化を引き起こす力は強大であるため、それを止めることは不可能です。私たちは、この変化を受け入れながら、また、うまくいなしながら、暮らしていくほかありません。

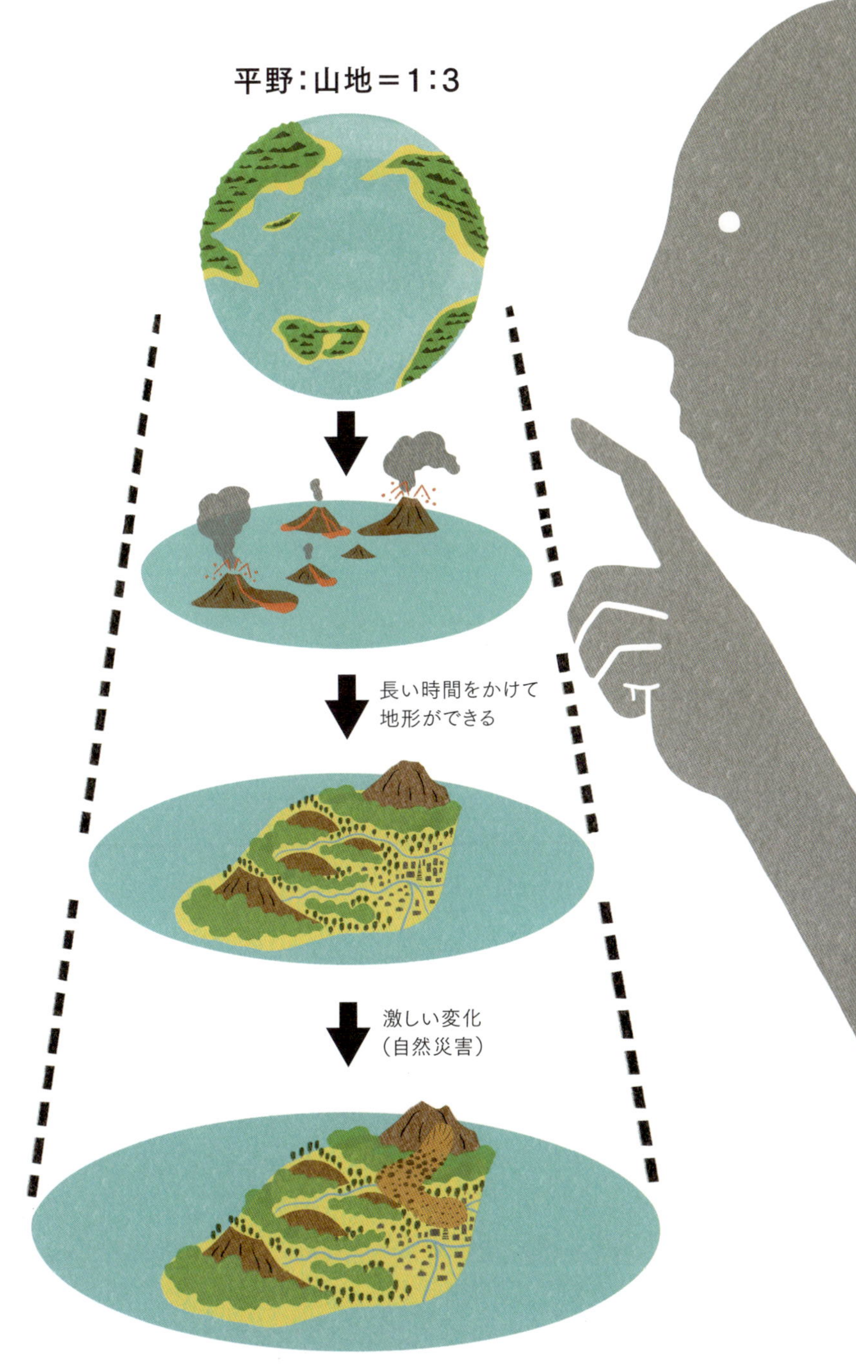

変化する地形の中で暮らしていくには？

地形のある星

地球以外の星に地形はあるのでしょうか？　地球は、太陽系にある惑星の１つです。惑星とは、恒星である太陽の周りを回っている一定の質量の球体の星です※。地球のほか、水星、金星、火星、木星、土星、天王星、海王星があります。地球と同じように固体の表面を持つ星は、水星、金星、火星で、地球と同じように地形があります。これらの星は地球型惑星と呼ばれています。残りの惑星は表面が気体のため、地形はありません。これらの惑星は木星型惑星と呼ばれています。

地球型惑星の中で、地球には山や平野、川、海底の海嶺（かいれい）や海溝（かいこう）など多様な地形があります。水星、金星、火星の地形は、まだわかっていないことが多くありますが、地球と同じような地形ではないようです。

水星、金星、火星には、数多くのクレーターがあります。クレーターとは、中心部がへこんでいる円形の地形です。火山活動によってつくられるほか、隕石が衝突することによってもつくられます。

水星、金星、火星と比べると、地球には隕石衝突によるクレーターの数は多くありません。しかし、地球だけ隕石が衝突していないということではありません。これは、地球の特徴によります。地球では、古い地形は削られて、また地下に沈み込んでなくなってしまい、新しい地形がどんどんつくられているためです。古い地形が削られてしまうのは、地面が隆起し、また水が流れているためです。地球の表面を覆っているプレートが少しずつ動いているので、その動きによって地下に沈み込んでしまい、消えてしまう地形もあります。これに対し、水星、金星、火星では、地面の動きがほとんどありません。隕石が衝突してクレーターができると、それがそのまま残ることになります。

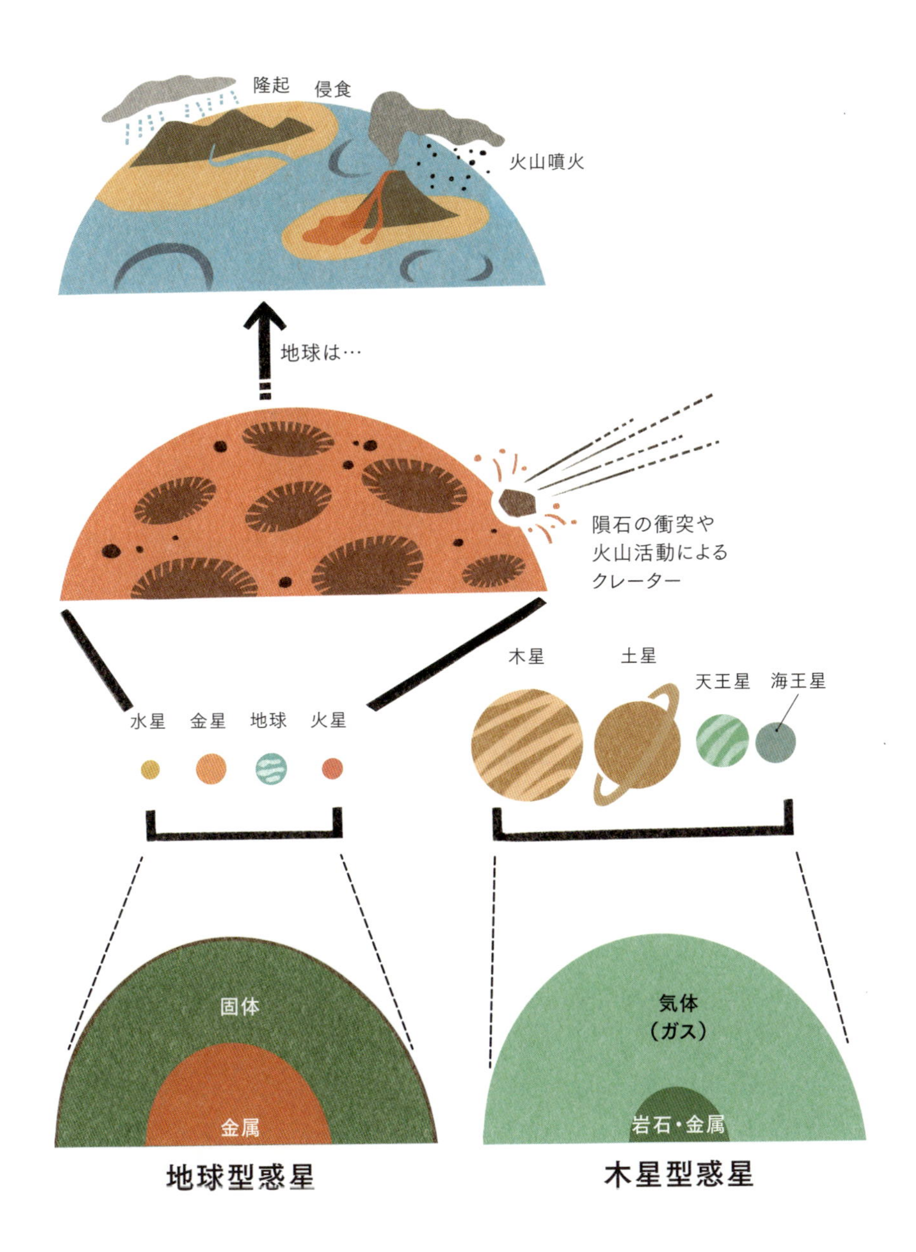

※惑星の定義は、前述の条件のほか、軌道近くからほかの天体を排除しているということも条件に挙げられています。これは、その天体の軌道近くに、同じ程度の大きさの惑星は存在しないということです。

地球の大きさと地形の大きさ

大きな地形もあれば小さな地形もあります。日本列島で一番高い山は、富士山で3776mです。世界で一番高い山は、エベレストの8848mです。また、世界で最も深い場所はマリアナ海溝のチャレンジャー海淵で、海面下1万920mあります。これらの地形は、地球の上でどれくらいの凹凸になっているのでしょうか？

地球の大きさは、北極から赤道までで約1万kmです。地球1周で約4万kmです。このような切りのよい数字になっているのは、もともと1mの長さを決めるときに、北極から赤道までの子午線の距離の1000万分の1と定義したためです。私たちが普段使っている長さの単位は地球の大きさで決められていたのです。

地球1周で約4万kmですから、その半径は4万km÷π（円周率）÷2で、計算では6369kmとなります。実際には、地球の中心から極までの半径は6356.752kmです。この半径に対してエベレストの高さはどれくらいの割合になるでしょうか。8.848km÷6356.752km≒0.0014となります。百分率で示せば0.14%です。この凹凸の度合いを硬式野球のボールと比較してみましょう。硬式野球のボールの直径は、72.9～74.8mmと定められています。ここでは計算のため半径を37mmとします。縫い目の高さは0.9mmと定められているので0.9mm÷37mm≒0.02となり、百分率で示せば2%です。地球を硬式野球のボールの大きさにまで縮め、その凹凸具合を比較したら、地球のほうがなめらかということになります。世界最大の山地も海溝も、地球という惑星の規模でみれば、ごくわずかな凹凸です。

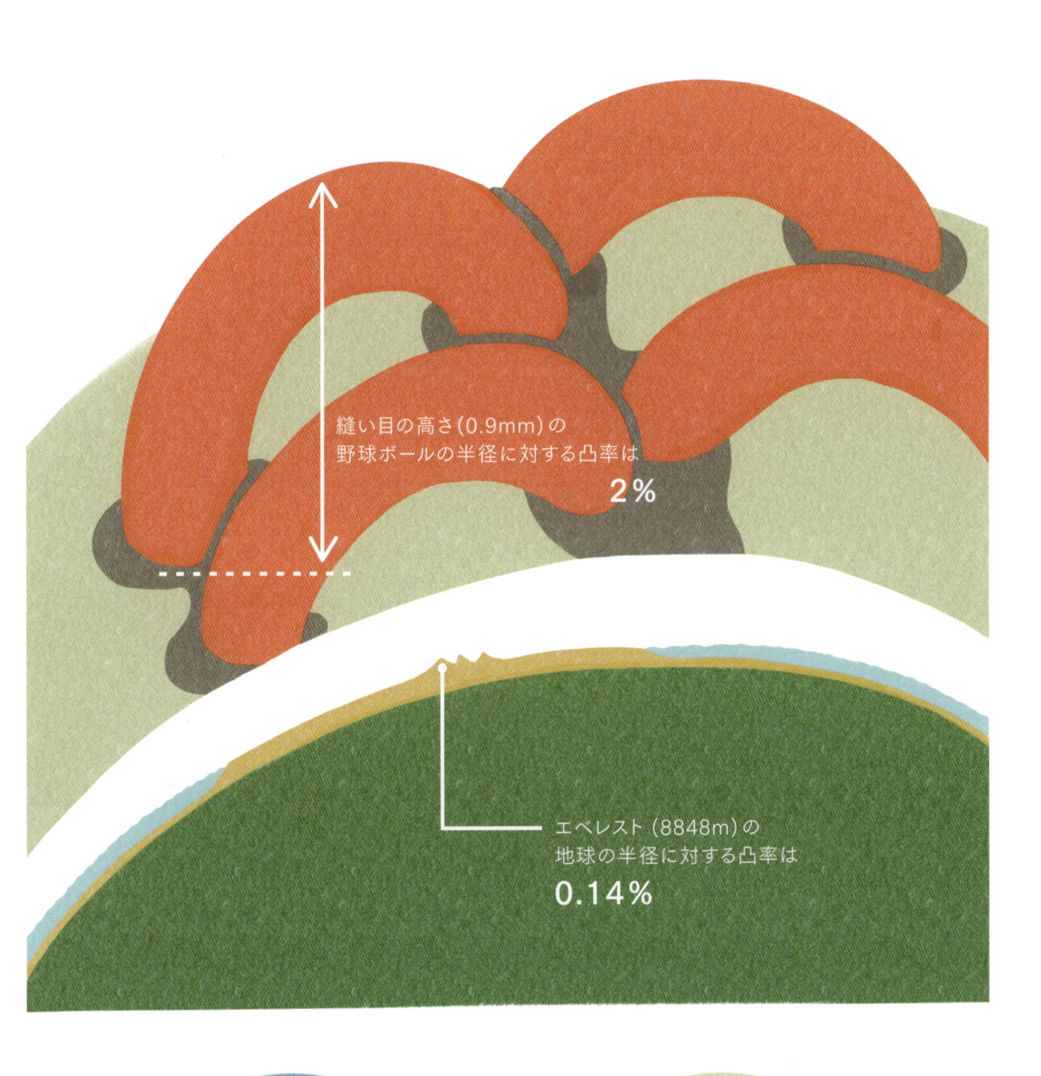
縫い目の高さ(0.9mm)の
野球ボールの半径に対する凸率は
2%
エベレスト(8848m)の
地球の半径に対する凸率は
0.14%

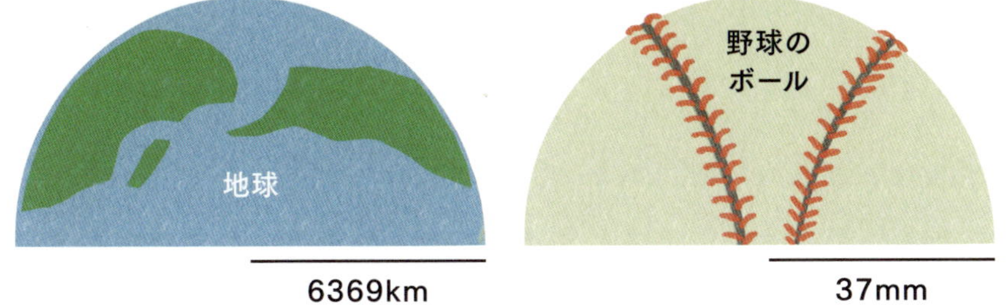
地球
6369km
野球の
ボール
37mm

04 地形の材料

地形は何からできているでしょうか。地面の大半をつくっているのは岩盤か、あるいはそれが細かく砕けたものと有機物とが混ざり合っている土のどちらかです。そのほか、砂や自然にできた氷なども地形をつくる材料です。

岩盤とは、古くからその場所にある岩石のことです。山には、所々で岩肌が露出しているところがあり、そういった場所で見ることができます。谷底にも岩盤は現れています。隆起してできた山は、この岩盤の上に薄く土が載っている状態といえます。岩盤は海にも現れています。磯と呼ばれる場所が岩盤からできている海岸になります。

この岩盤は大きく3種類に分けられます。1つは、マグマが冷えて固まったもの（火成岩）、もう1つは、泥や砂が海や湖の底に堆積し、圧力を受けて変化し固まったもの（堆積岩）、そして、火成岩か堆積岩が地下で高温や高圧の状態になり、性質が変わったもの（変成岩）です。これらの岩石のほか、結晶が地面をつくる場合もあります。

土は、これらの岩盤が風化して細かく砕けたものと、植物や動物の遺骸などの有機物が混ざり合ったものです。場所によっては、風で飛ばされてきた細かい砂や泥、火山灰などの火山噴火によって飛ばされるもの、川から流されてきた泥なども混ざります。

私たちは日常使う言葉で、土と泥をあまり厳密に分けずに使っていますが、専門的には区別されています。土は、無機物と有機物とが混ざったものであるのに対し、泥は、粒の大きさによって区分されるものであり、1/16mmより小さい粒からできているものを指します。泥よりも大きなもので、2mm以下のものを砂といいます。

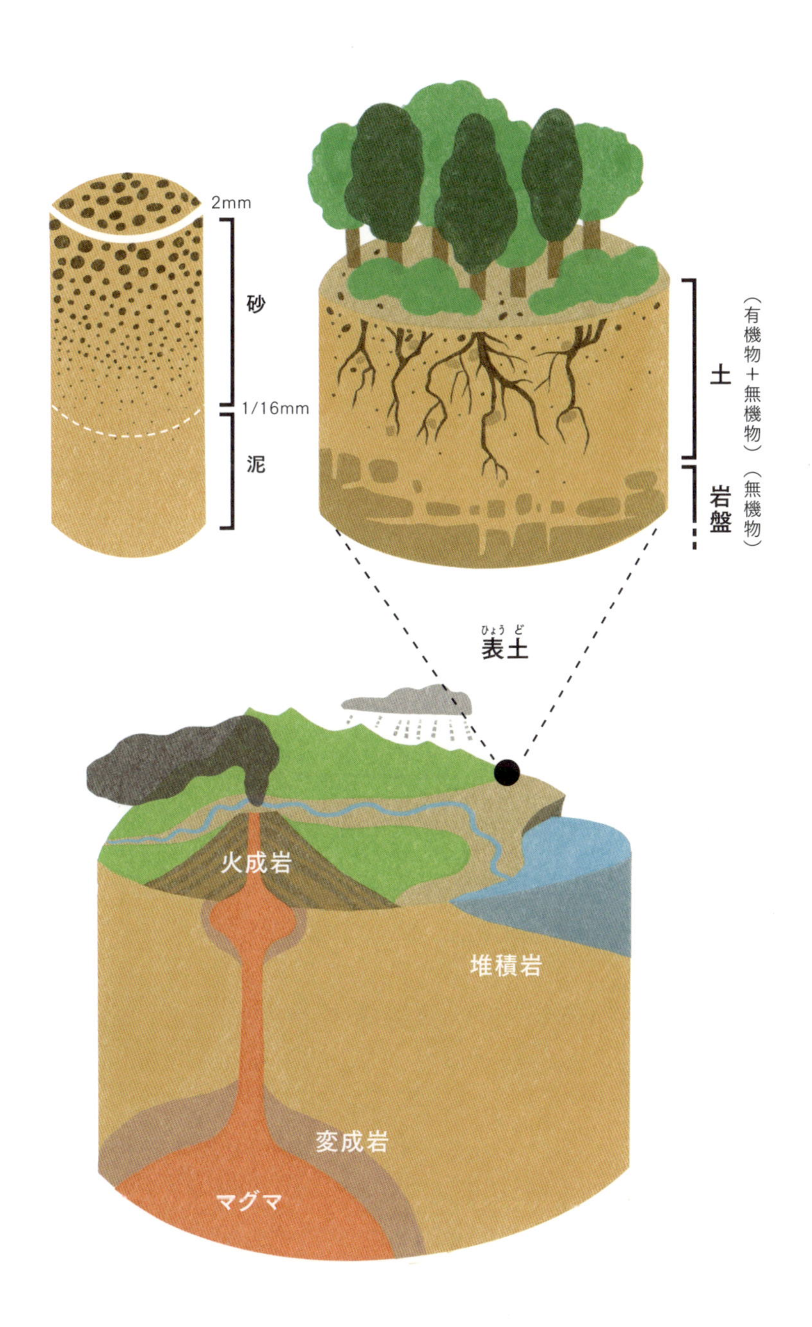
2mm
砂
1/16mm
泥
土
（有機物＋無機物）
岩盤
（無機物）
表土
火成岩
堆積岩
変成岩
マグマ

動く地球の表面

地球規模でみれば大きな起伏とはいえませんが、人間の視点でみれば、8848m の山や 1 万 920m の海溝は、とても大きなものです。こうした起伏はどうしてできたのでしょうか。

私たちが暮らしている地球の表面は、ずっと動いています。動いてい

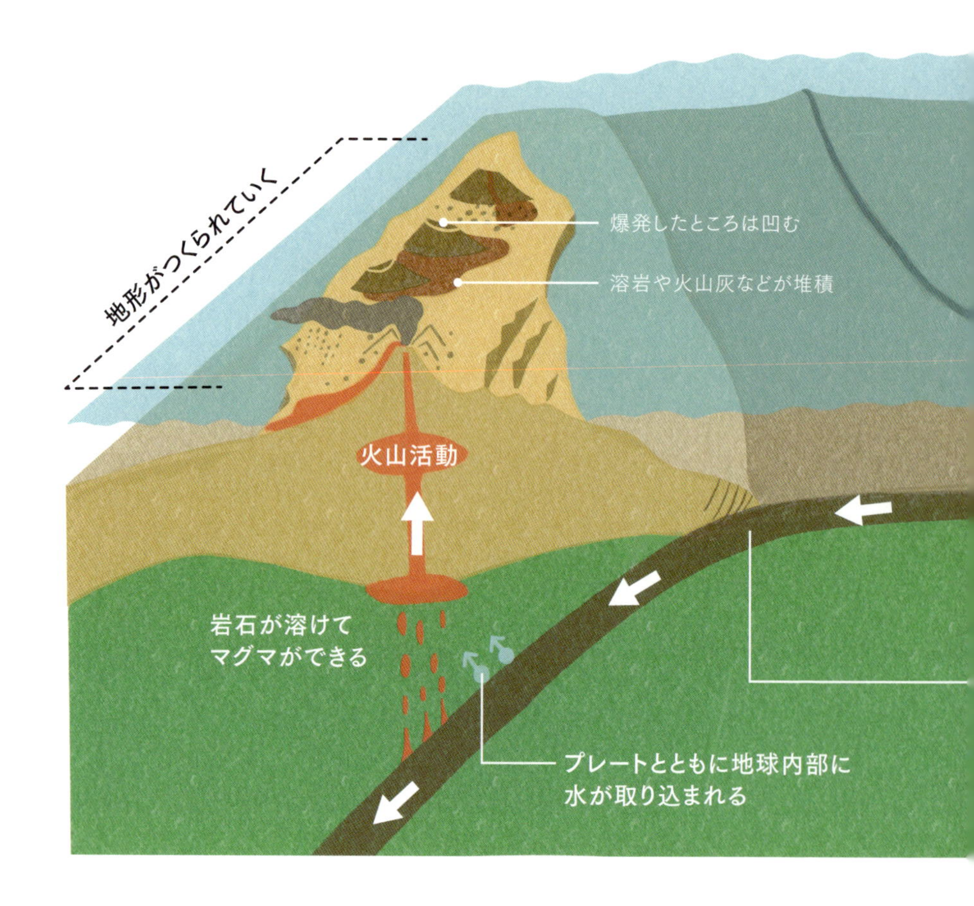

るのは、地球の表面を覆うプレートと呼ばれる岩の板です。その厚さは海底で数十 km になります。海嶺(かいれい)と呼ばれる、地下からマグマが上がってくる場所でプレートがつくられます。その動きは、水平方向に1年でおよそ1～10cm になります。この動きがあるため、ある部分は押されて盛り上がり、ある部分は沈み込んで大きな凹みになります。こうしたプレートの動きが、土地の隆起や沈降を生み出す原動力になっています。

プレートが沈み込むと、地球内部でマグマが発生します。日本列島の太平洋側の海底にある日本海溝、南海トラフはプレートが沈み込んでいる場所です。プレートが沈み込むときに、水が地球内部に取り込まれ、その水が原因で、部分的に岩石の融点が下がり、地下で岩石が溶けます。その溶けたものがマグマで、これが上昇してくることで火山の活動が起こります。火山が噴火すると爆発したところは凹み、周りは溶岩や火山灰などが堆積して地形がつくられていきます。

日本列島は、複数のプレートの境界に位置しています。各プレートは別々の動きをしていて、その動く方向や速さ、そして境界がどこにあるのかを解明することは、防災・減災の対策を取るうえで重要なことです。しかし、まだ十分にわかっているわけではありません。特にプレートの境界の位置については諸説あります。

山の高さ

日本の最高峰は富士山で3776mあります。それに次ぐ山は北岳で3193mです。富士山は火山で、噴火活動と山崩れが繰り返されて大きくなった山です。一方北岳は、隆起と山崩れが繰り返されてできた山です。日本列島は、プレートが動くことで圧縮されていて、そのため隆起が進んでいます。北岳のある赤石山脈の隆起速度は、山頂での観測結果がないため正確な値はわかりませんが、周囲の測量データから、1年で平均1～4mm程度隆起していると考えられています。赤石山脈は今から100万年前ごろから急速に隆起が始まったと考えられています。毎年4mm隆起してきたと考えると、計算上は4000mになります。実際の標高は3000m程度ですので、この差の分は削られてしまったのでしょう。

プレートの動きは今後も続くので、日本列島では山の隆起は続いていきます。今後、山はさらに高くなっていくのでしょうか。現在の赤石山脈で斜面の角度を測ってみると、多くは35°程度の斜面です。部分的に急な角度の斜面はありますが、山全体では、これよりも急な角度はとりえないでしょう。そのため、隆起が進んでも崩れてしまい、山頂の高さが高くなっていくことはないでしょう。

火山は高くなると山頂付近で崩壊が発生します。そしてその土砂は山麓に土石流(どせきりゅう)として流れていきます。噴火活動が活発なときは山頂高度が高くなりますが、噴火していない静穏期には、火山はどんどん削られていきます。同じ場所で長期的に噴火が起こっている火山でないと高い火山にはなりません。

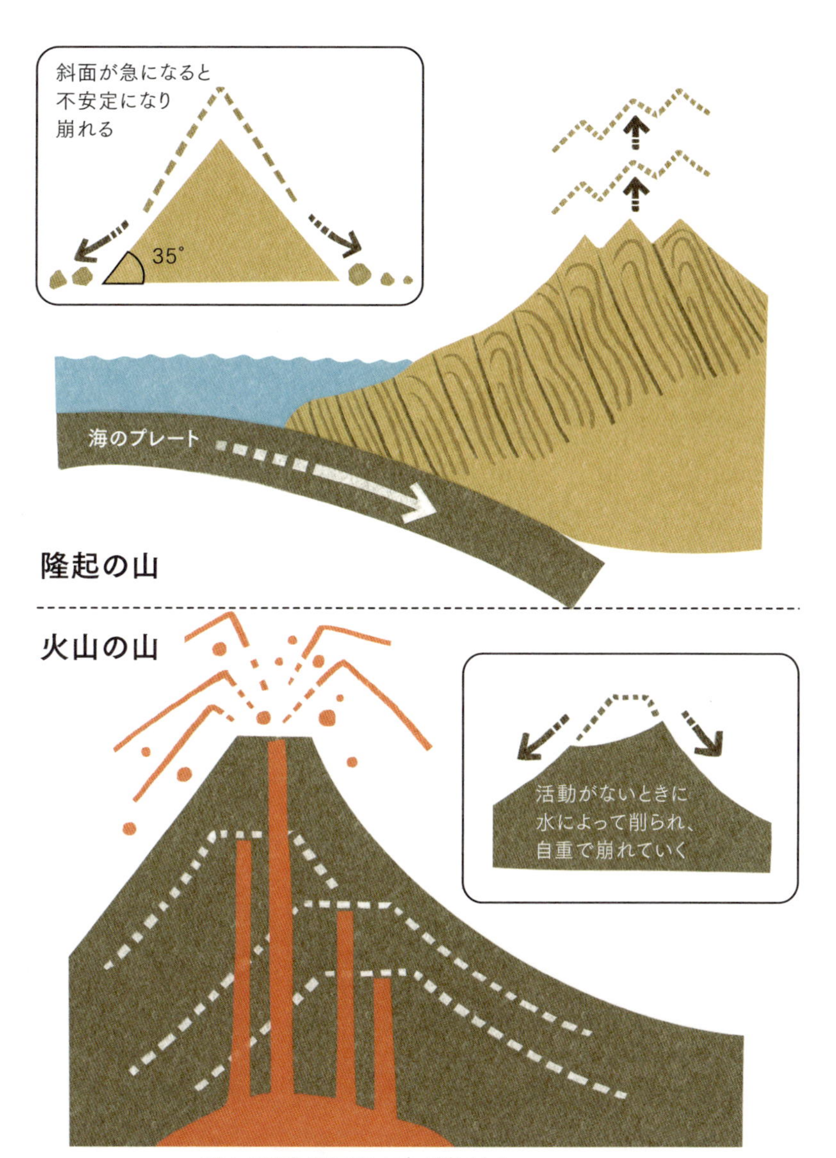
斜面が急になると
不安定になり
崩れる
35°
海のプレート
隆起の山
火山の山
活動がないときに
水によって削られ、
自重で崩れていく
噴火活動を繰り返して山が高くなる

気候変化と地形

土地が隆起して地形をつくるには、その隆起量から、数万〜数十万年の時間がかかっていると考えられます。これだけ長い時間になると、地球は気候が変わっていきます。この気候変動は、海の高さの変化を起こし、雨の量も変化させるため、これらによっても地形が変化します。

地形の変化を考えるときには、土地が上下する地殻変動とともに気候変動も考える必要があります。現在の地球では、数千〜数万年というスケールで気候の変動が繰り返し起こっています。

気候が寒冷化する時代は氷期（ひょうき）といいます。氷期には、高山や極域に氷河や氷床が発達します。この氷河・氷床は、陸上に水が蓄えられている

氷期

状態といえます。地球上の水の量は一定ですので、氷期になるとそれだけ海水が減り、海面の高さ（海水準（かいすいじゅん））が下がります。今から２万年前の氷期には、海面がおよそ 100m 下がっていたと考えられています。海面が下がると、そこに流れ込む川の高さが下がります。そのため土地が隆起せずとも、谷が深く刻まれていく（下刻（かこく）されていく）ことになります。

気候が温暖化する時代は間氷期（かんぴょうき）といいます。間氷期には、陸上の氷河・氷床が融（と）け、海面が上がります。そうすると海が内陸に入り込み、河口付近では土砂の堆積が進んでいくことになります。

気候変動にともなって降水量も変化します。降水量が変わると川の流量も変わり、川の土砂運搬能力が変化します。気候の変化は植生の変化ももたらします。氷期には、山では植生が少ない高山の範囲が広がり、そこでは土砂が多く生産されます。こうしたことも地形の変化に大きく影響します。このように気候変動は、川の高さの変化、土砂の運搬量の変化をもたらすので地形の変化に大きな影響を与えます。

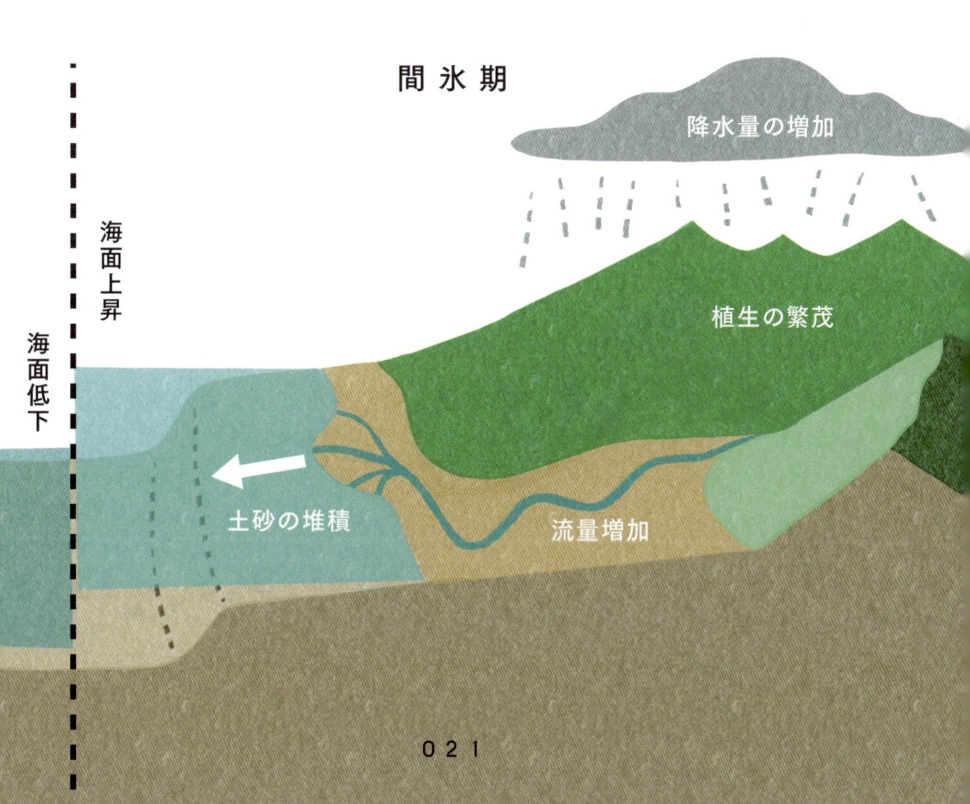

地形をつくる水の働き

土地が隆起して、あるいは火山活動で山ができる一方で、そこで削られた土砂は、主に水の働きで運ばれて下流に堆積し、平野をつくっていきます。水は、山の形を変え、土砂を運び、平野をつくり出すという、地形をつくるうえで重要な役割を持ちます。

岩盤が風化をするときに、水の働きは重要です。地下に存在している岩盤は大きな力を受けて破壊されることはありますが、それだけでは性質はゆっくりとしか変化しません。しかし、地層の境界や割れ目を伝って水が流れ込むと、化学的な変化が急速に進んでいきます。また、生物の活動が活発になるため、それによっても岩盤の風化が進みます。

砕けた岩盤である礫が移動していくときにも水は重要です。重力だけで移動することもありますが、砕けた岩盤が水と一緒になると土石流となり、低い場所に移動しやすくなります。そして、それが川に流れ込むと、砕けた岩盤はだんだんと丸く、細かくなり、下流に運ばれていきます。これを川の運搬作用といいます。また、その川の流れそのものが、川岸や谷底を削り、地形を変化させていきます。これを川の侵食作用といいます。そして、その運ばれた土砂は川の周りに堆積していきます。これを川の堆積作用といいます。そして、川は海や湖に流れ込みます。海や湖では風によって波が起こり、その波が海岸の地形を変化させていきます。

高山や極域では、雪が1年経っても融けずに山に残ります。その雪が、押し固められ氷になり、それが移動すると氷河になります。その氷河が岩盤を侵食し、カールやU字谷をつくります。

カール
土石流
（礫＋水）
蒸発

地形がつくられる時間の長さ

私たちが暮らしている土地は、どれくらいの時間がかかってできているのでしょうか。地形は、とても短い時間でつくられるものもあれば、とても長い時間でつくられるものもあります。

短い時間でつくられる地形には、例えば、霜柱のようなものがあります。霜柱は、冬場に気温が氷点下になるような地域で見られます。これは、夜の間に地面の中の水が氷になって、表面の土を持ち上げてできます。昼になると霜柱は融(と)けてしまって土は再び下がります。このように1日の間で、地表が盛り上がって下がるという変化をしています。

長い時間でつくられる地形は、平野や山地などです。例えば、東京の新宿のある平らな土地は、今から約12万年前の浅い海の底で、その場所がその後隆起してできたものであることがわかっています。日本列島では多くの場所で、数万年程度で、川の周りの何段かの平らな土地（台地）ができています。さらに広がりのある山がつくられるのは、だいたい数十万年、大きな平野を分ける山脈であれば100万年といった時間スケールになります。

このように、いくつかの地形の大きさと時間を並べてみると、小さい地形は短い時間で、大きい地形は長い時間でつくられていることがわかります。そして、最も大きい地球が最も長い時間かかってつくられています。こうした自然現象における時間スケールと空間スケールとの対応関係は、気象・気候現象でもみられます。

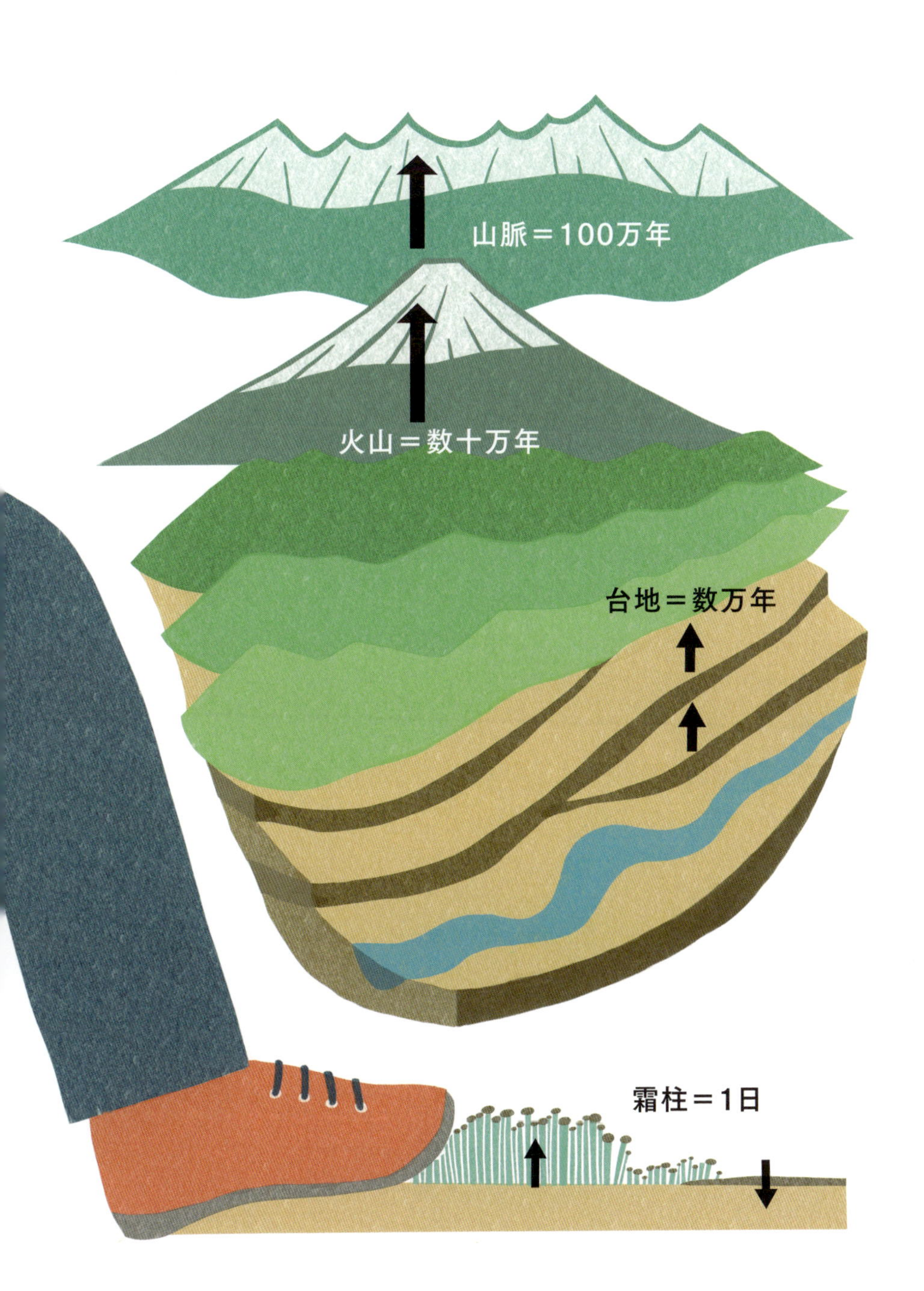
山脈＝100万年
火山＝数十万年
台地＝数万年
霜柱＝1日

10

世界各地で地形が異なる理由

地球上で、まったく同じ地形は存在しません。しかし、ヒマラヤ山脈のような険しい場所や、サハラ砂漠のような一面に砂が広がる場所は、広範囲でまとまりを持って分布しています。

隆起速度が速い場所では、山は大きく、また険しくなります。ヒマラヤ山脈は、ユーラシアプレートとインド・オーストラリアプレートという大陸のプレート同士が衝突したため、高い山脈になっています。また、日本列島のように、大陸のプレート（ユーラシアプレート）と海のプレート（太平洋プレート、フィリピン海プレート）との境界では、大陸のプレートの下に海のプレートが沈み込むため、その付近は圧縮されて山が隆起しています。さらに、沈み込みが起こっている場所では、火山もつくられるので、山がちな土地になります。

プレートの動きとともに、地球規模での気候の分布もそれぞれの地域の地形を特徴づけます。地球上の気候は、赤道付近が暑く、極付近が寒い状態です。この暑さ、寒さの差を解消するように、大気は大きく循環しています。赤道付近では、水蒸気を多く含んだ空気が太陽放射により熱せられて上昇していきます。そしてその水蒸気は周

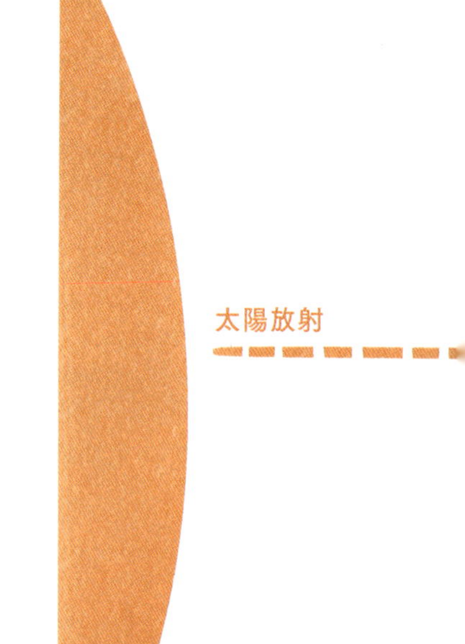

囲に雨を降らします。そして上昇した空気は、北緯、南緯、それぞれ30°程度のところで下降してきます。この場所は、たえず下降気流が起こっているので、雨がほとんど降らない気候になっています。その結果、広い砂漠が分布することになります。サハラ砂漠やアラビア砂漠、オーストラリアのグレートヴィクトリア砂漠などは、こうしてできています。

極付近では気温が低く、今でも南極大陸やグリーンランドには氷床が存在しています。そして、今よりも寒冷な氷期には、氷河の分布域が拡大し、陸上を削っていきました。そのため、北半球の極付近には氷河によって削られてできた地形が数多く分布しています。

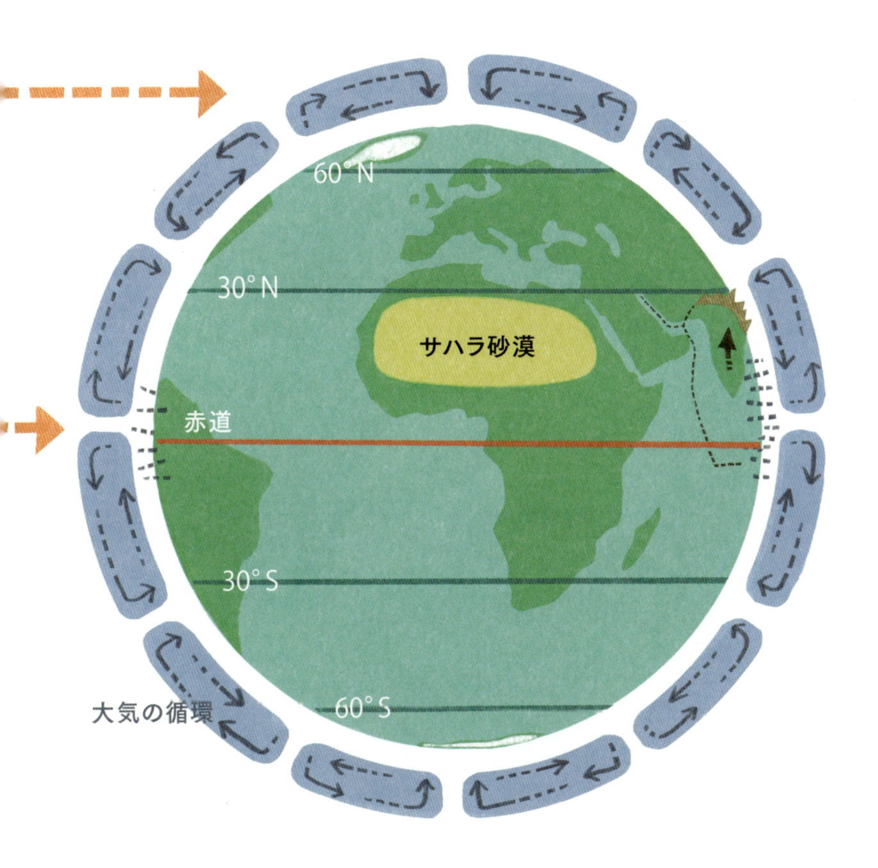

大気の循環

きほんミニコラム

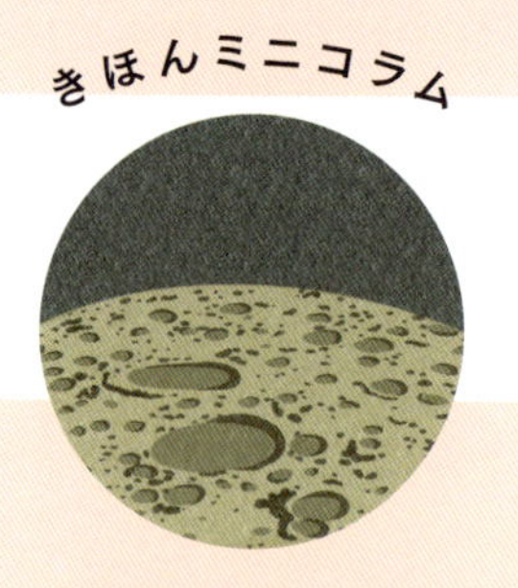

月の地形

地球から最も近くの星である月は、地球のように多様な地形は存在せず、クレーターが多数あります。月のクレーターは、隕石が衝突したときの衝撃によって中央部が凹み、縁が盛り上がってできたものです。多くのクレーターは、これまで月にたくさんの隕石が衝突してきた歴史を物語っています。

そこで気になるのは、月とは対照的に地球にはクレーターがほとんど見られないということです。隕石になる物体は、月と同じように地球の周りにも存在しているはずです。実際に、地球にも隕石は落ちてきているのですが、ほとんどクレーターの跡はなく、月にばかりクレーターの跡があります。これはどうしてでしょうか。

これまでの研究で、太陽系が誕生して以降35億年前ぐらいまでに、月にたくさんの隕石衝突が起こり、そのときにクレーターができたと考えられています。それほど古いものが現在も残っているのが、月という衛星の特徴です。地球の表面には、35億年前の地形は残っていません。月に古い地形が残っているのは、地球のようなプレートの動きや、水流による地形の侵食といった働きがないということを示しています。

地球に落下してくる隕石は、地球の大気圏に入ると、大気との摩擦で高温になり、多くが溶けてしまいます。一方、月には地球と異なり大気がありません。そのため、隕石が溶けずにそのまま月の表面に衝突します。実際に月では隕石衝突そのものも多いのです。

Chapter 2

山の地形

11

山の地形

隆起してできる山

隆起してできる山は、隆起山地と呼ばれます。その隆起の力は、プレート（岩板）が水平方向に移動することによって生じます。それぞれのプレートは動き方が違うので、場所によっては衝突しています。そうした衝突により、盛り上がる場所ができます。これが隆起の起こる主な原因です。

日本列島の場合は、太平洋の海底をつくるプレート（太平洋プレートやフィリピン海プレート）が、大陸のプレート（ユーラシアプレート）の下に沈み込んでいます。その沈み込んでいる場所は、東北日本では日本海溝に、西南日本では南海トラフになります。

プレートが沈み込むときに、日本列島全体が圧縮されていきます。長期間にわたり圧縮が続くと、岩盤にひび割れが入ります。そしてそのひび割れの部分で、一方の岩盤は盛り上がり、他方の岩盤は下がっていきます。このひび割れの部分が断層になります。

日本列島では、この断層は山の麓にあり、圧縮されてできる逆断層になっています。圧縮されて長期的に逆断層が動き、それによって隆起山地がつくられていきます。

こうしたプレートの動きによる隆起のほか、かつて寒冷な気候の時代（氷期）に氷河が広がっていた場所で、氷河の重さで地面が凹んでいた場所は、温暖な気候の時代（間氷期）になると、氷河が融けることで氷河の荷重から解放され、地面が盛り上がってきます。

例えばスカンジナビア半島では、約２万年前には 2000m 以上の厚さを持つ氷河が発達していましたが、気候が温暖化して氷が融けた後、数百～ 1000m が隆起しました。

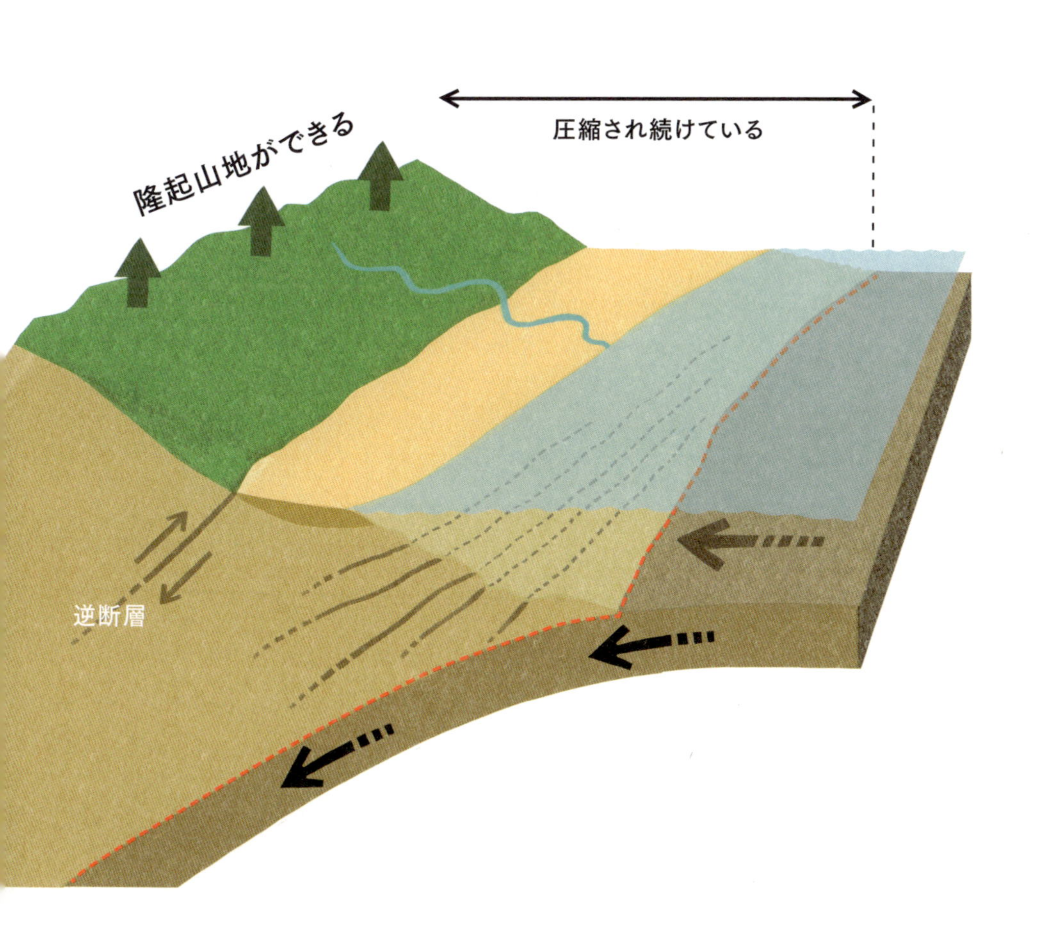
隆起山地ができる
圧縮され続けている
逆断層

12

火山をつくるマグマと日本列島

日本列島には、富士山をはじめとして、多くの火山があります。しかし、世界全体でみると、火山の分布している場所は限られています。火山は、地下にあるマグマが地上に上がってくることでできます。マグマとは、岩石が高温で溶けている状態のものです。岩石は地下のどこでも溶けてしまうわけではなく、マグマは特定の場所で発生しています。それでは、どうして日本列島の地下にはマグマがたくさんあるのでしょうか。

日本列島の下には、海底をつくるプレートが沈み込んでいます。プレートの沈み込みにともなって、プレートに含まれている水が地下100〜200kmという深さに供給されます。岩石だけが存在する場合、その地下の温度では、岩石は溶けてマグマにならないのですが、その水が混ざることによって、その場所での岩石の融解温度が下がります（融点降下）。そうした理由により、部分的に岩石の融解が始まり、マグマが発生します。

このマグマが発生する条件が整うところは、プレートの沈み込む場所から一定の距離離れたところになります。日本海溝や南海トラフが、それぞれほぼ直線になっているため、火山が出現する場所も直線的になります。東北日本では脊梁（せきりょう）山地である奥羽山脈に、西南日本では中国地方や九州地方に火山が分布しています。大陸側から見て、一番離れたところにある火山の並びのことを火山前線（火山フロント）と呼びます。

火山は、海溝から一定の距離離れないと出現しないため、日本列島の太平洋岸には火山がほとんど存在していません。その例外は富士山、伊豆半島、箱根火山、伊豆七島の一帯です。ここは、３つのプレートの位置関係から、太平洋岸に火山が分布しています。

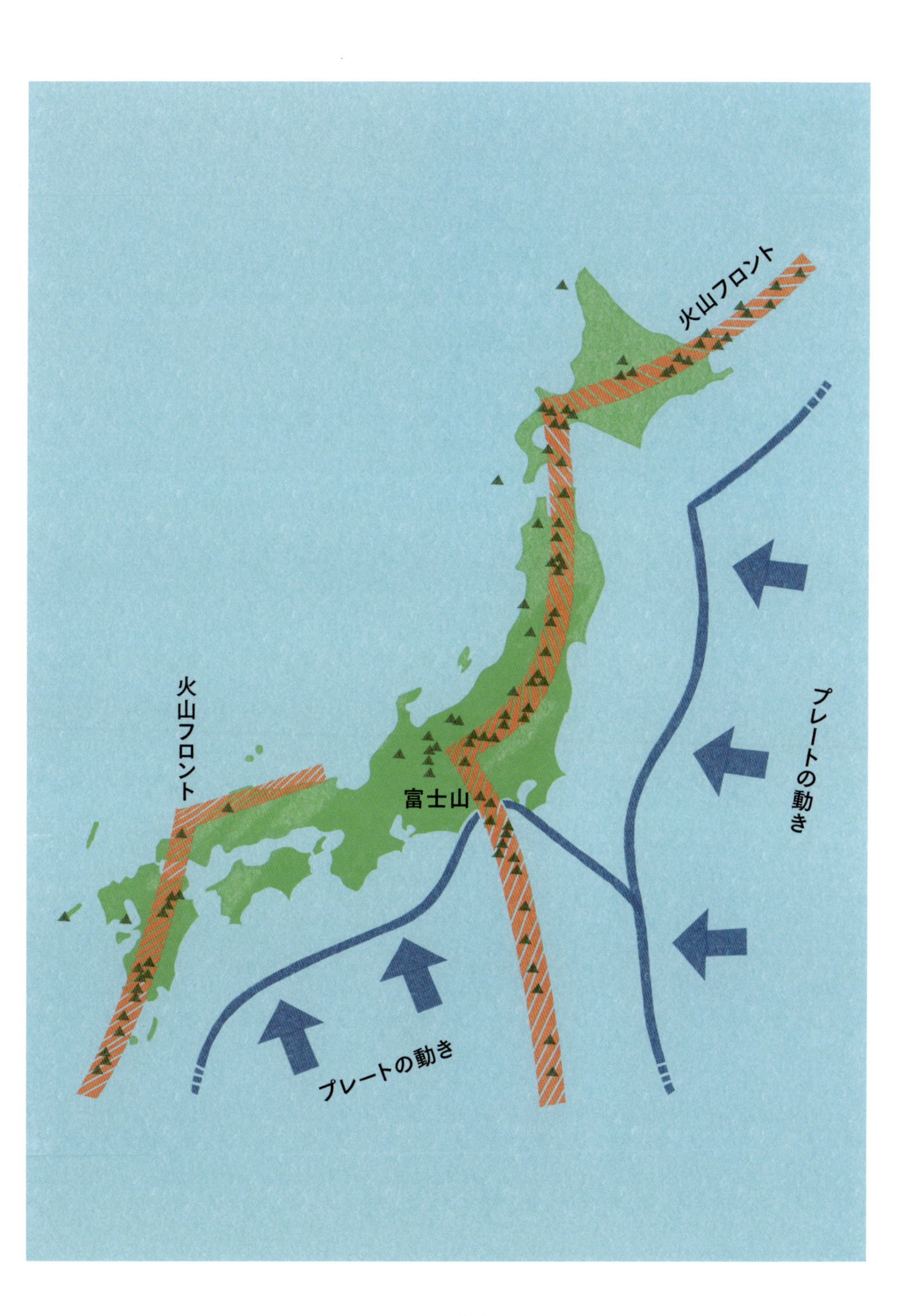
火山フロント
火山フロント
富士山
プレートの動き
プレートの動き

火山の形

地下にあるマグマが、地上に噴出することによって火山ができます。その噴火のしかたによって火山の形は大きく異なります。またその噴火のしかたには溶岩の性質が大きく関わっています。

日本を代表する火山といえば富士山です。富士山のような裾野を広げた火山は、成層火山と呼ばれます。その成層火山をつくる地層を調べてみると、火口から流れ出した溶岩や、噴火のときに火口から噴出し、周囲に降り積もった火山砕屑物（軽石やスコリア）などが、何層にも地層をつくっています。こうした何層もの地層が積み重なって山をつくっていることから成層火山と呼ばれます。

富士山の山頂と山麓の地形を比較してみると、傾斜に変化があるのがわかります。火山は、噴火が起こっていないときには、火山の山頂から中腹にかけての場所で、大きく崩れ、谷の侵食が進み、険しい斜面になっていきます。一方で、山麓にはそうして削られた土砂が堆積していくため、広い裾野（火山麓扇状地）がつくられていきます。この険しい山頂と、それに続く中腹、そして広い裾野という地形がセットになって、成層火山の地形になっています。地下のマグマの活動だけが火山の地形をつくり出しているわけではなく、火山活動休止期の侵食・堆積の働きもあって美しい山体になっているのです。

北海道にある昭和新山は、粘性の強い溶岩でできた火山で、爆発的な噴火ではなく、溶岩そのものが盛り上がってつくられた火山です。こうした火山は、マグマが地表付近で固まった溶岩そのものからできているので、その材料と形から溶岩円頂丘と呼ばれます。

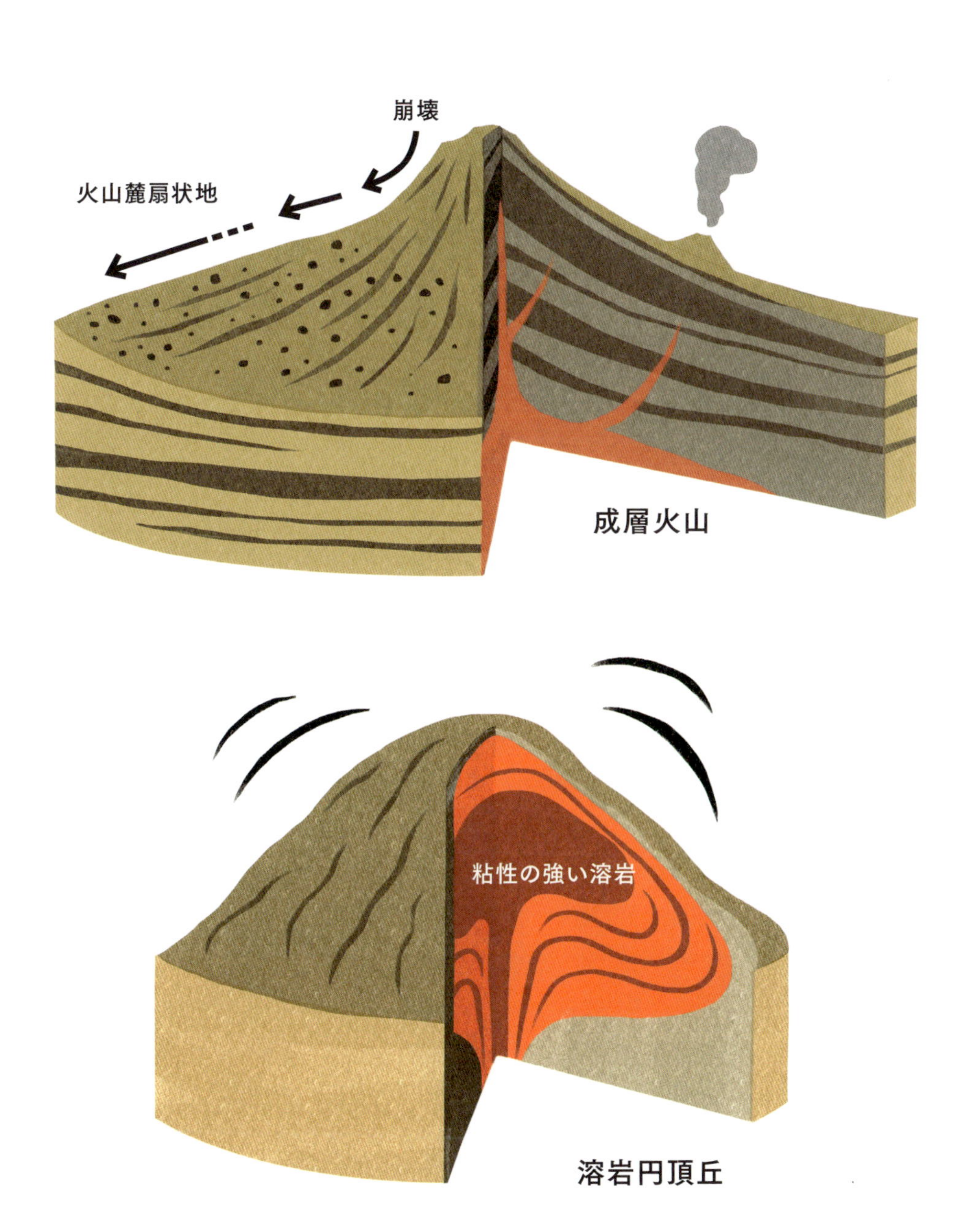
崩壊
火山麓扇状地
成層火山
粘性の強い溶岩
溶岩円頂丘

凹んでいる火山

巨大な噴火により巨大な凹みができることもあります。凹んでいるので山ではないのですが、火山の一種になります。カルデラやマールといったものがあります。

巨大な噴火によってできるのがカルデラです。その噴出物は、数十～100km^3を超える膨大な量で、このときに噴出した火山灰は、日本全国を覆う範囲に飛んでいきます。

九州の南部、錦江湾（きんこうわん）は、巨大なカルデラです。ここでは、今から３万年前に大噴火が起きていて、そのときに噴出した火山灰は、遠く青森県にまで飛んでいきました。同時に大量の火砕流を出し、南九州のシラス台地をつくり出しました。そのカルデラでは、海水が入り込んで錦江湾となりました。

北海道には屈斜路（くっしゃろ）カルデラ、摩周（ましゅう）カルデラ、支笏（しこつ）カルデラ、洞爺（とうや）カルデラ、東北には十和田（とわだ）カルデラ、田沢湖（たざわこ）カルデラ、関東には箱根カルデラ、九州には阿蘇（あそ）カルデラなどがあります。これらの場所で発生した巨大な噴火は、それぞれの場所で、数万～10万年に１回の割合で起こっています。このような巨大な噴火の痕跡であるカルデラが10個ほどありますので、確率的には、日本列島では１万年に１回ほどの割合で、巨大な噴火が起こってきたことになります。

カルデラに水がたまると、カルデラ湖になります。屈斜路湖、摩周湖、支笏湖、洞爺湖、十和田湖、田沢湖など、みなカルデラ湖です。もともとは火口であったため、湖の水深が深いのが特徴です。

マールという、山体を持たない火口だけの火山もあります。噴火のときにマグマと地下水が接触して爆発が起こると、この地形ができます。

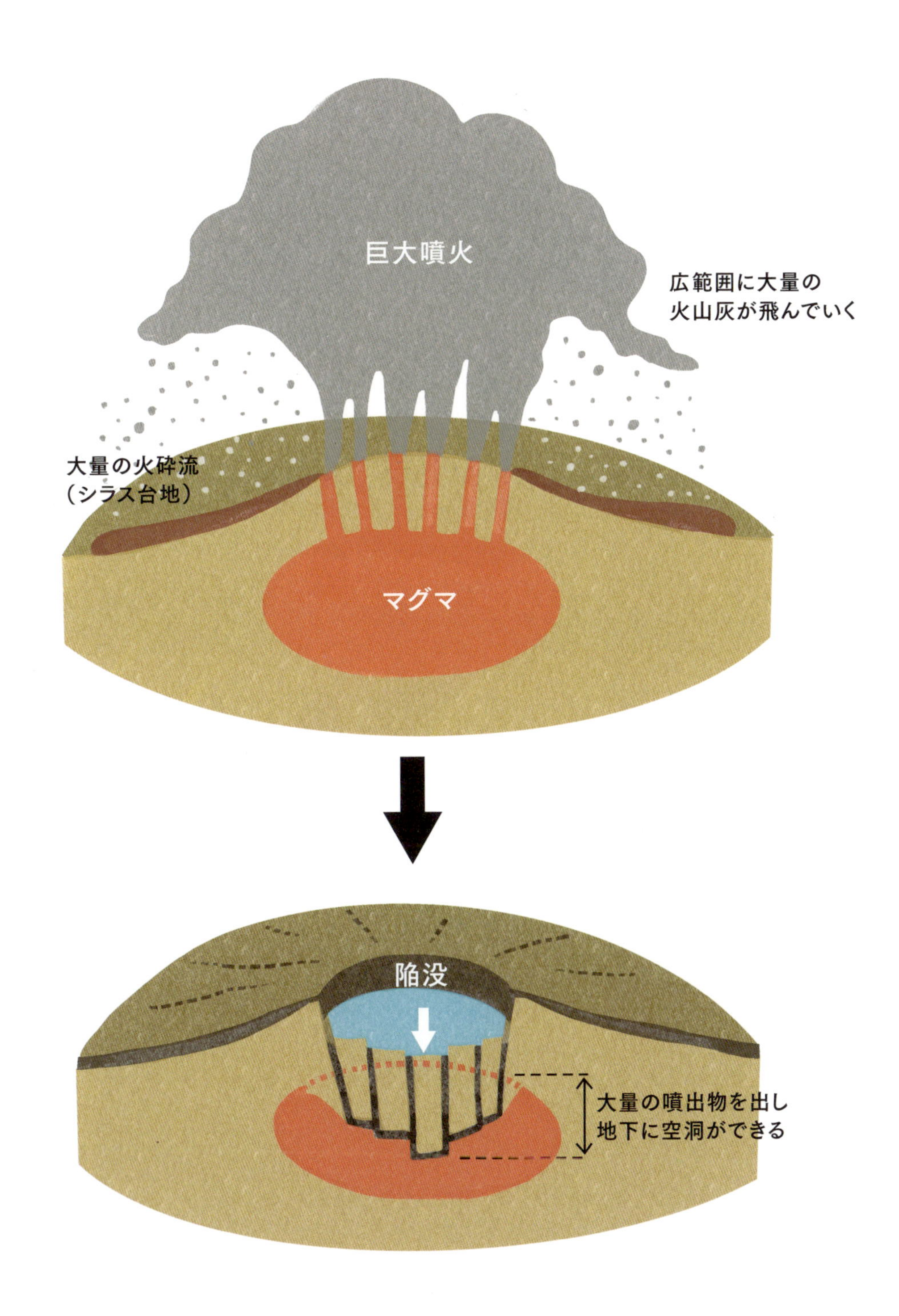
巨大噴火
広範囲に大量の
火山灰が飛んでいく
大量の火砕流
（シラス台地）
マグマ
陥没
大量の噴出物を出し
地下に空洞ができる

尾根と谷

山の形を詳しく見てみると、連続的に周囲より高く出っ張っているところと、連続的に周囲より低く凹んでいるところ、そしてその間をつなぐ斜面に分かれます。周囲より高く出っ張っているところは、尾根と呼ばれます。その逆の低く凹んでいるところは谷と呼ばれます。

山に雨が降ると、一部は地表を流れ、一部は地中にしみ込みます。地表の水の流れは地面を削り、谷をつくります。しみ込んだ水の一部は、山の中腹で湧き出し、その流れは地表の水の流れに合流し、水の流れはだんだんと大きくなっていきます。いったん谷地形がつくられると、降った雨はますますそこに集まるようになります。一方で、残された場所は尾根になります。尾根には水が集まらないため、削られにくくなります。そうして尾根と谷がはっきりと分かれていきます。

その場所の起伏や、そこに分布している地質の違いにより、その場所にできる谷の数や分布のパターン（水系（すいけい））が異なります。その水系を図にしたものは水系図といいます。水系図は、地形図があれば誰でもつくることができます。等高線を読み取って、標高の高い方向に向かって凸型になっている場所をつないでいけば、それが水系になります。

水系は、成層火山のような円錐形の地形では放射状になります。また、地質構造の影響を受けて、堆積岩（たいせきがん）などの、方向性がはっきりした地層がある場合には、その方向に水系が並びます。この水系がどのような特徴をもつのか分析するときに、水系の部分部分に数字をつけるということをします。これを水系次数区分といいます。一般的には、同じ規模の谷が４本集まると、１段階規模の大きな谷になります。このように水系を分析することで、その場所の地形や地質の特徴がわかります。

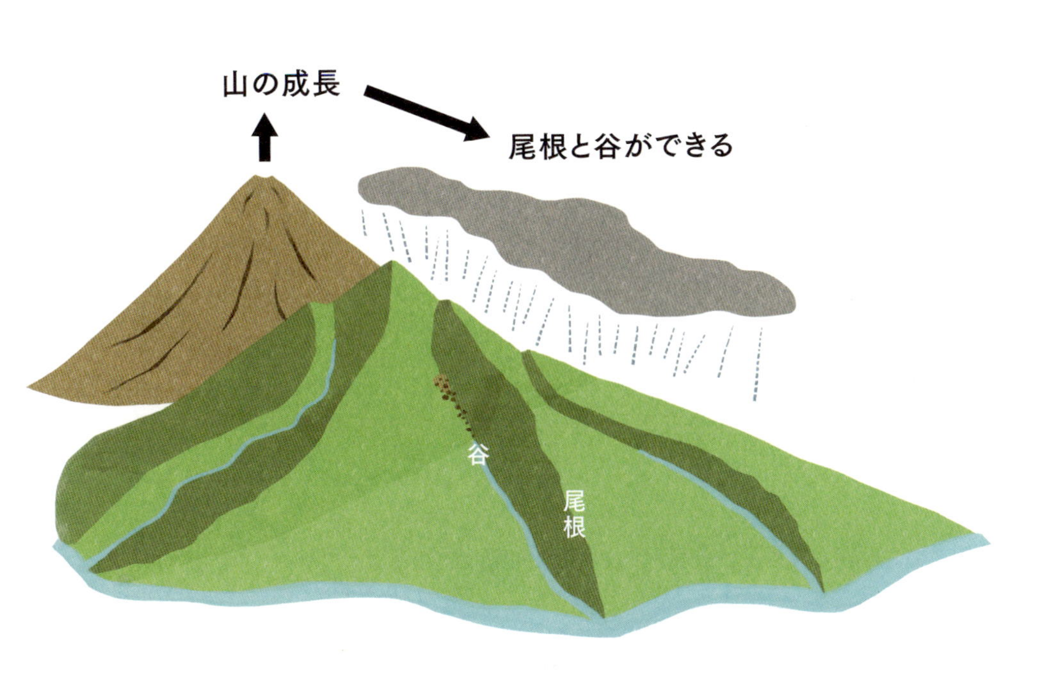
山の成長
尾根と谷ができる
谷
尾根

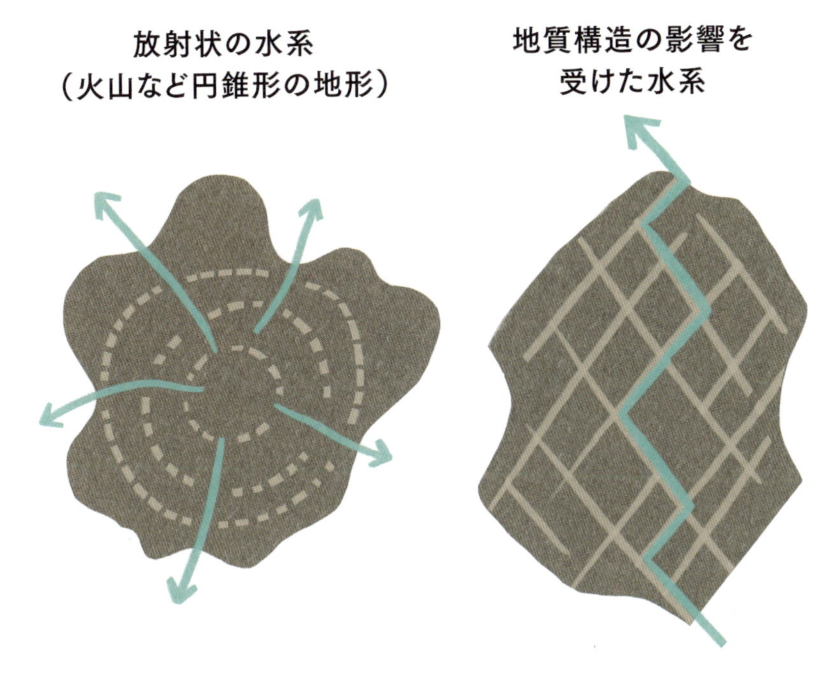
放射状の水系
（火山など円錐形の地形）
地質構造の影響を
受けた水系

山の形を変える地すべりと崩壊

山の形を大きく変化させるのは、地すべりや崩壊といった現象です。この現象は、山の斜面をつくっている岩盤や土が、そのものの重さによって動くことです。日本の山地の斜面のほとんどでは、過去に崩壊や地すべりが起こっています。

地すべりは、斜面をつくる岩盤の一部が、比較的ゆっくりと動く現象です。そのような動きのため、地すべり地の地形は、もともとの地形がある程度残っています。また、地すべりが起こるときには、そこに地下水が豊富にあることも必要で、その地下水が地表に流れ出していることもあります。

地すべりの動きにより、山の頂部や中腹に、周囲よりゆるやかな斜面がつくられることがあります。そこは、岩盤がある程度破壊され、さらに水もあることから、農業が行われ、集落が立地していることもあります。

日本列島で地すべり地の分布を調べると、特定の地質を持ったところに集中しています。1つは、岩盤が層状の構造を持つため連続的な割れ目がつくられやすく、さらに地すべりが起きやすくなるための粘土鉱物を含む岩石（片岩（へんがん））が分布する地域、もう1つは、数百万年前〜数千年前に堆積した比較的やわらかい岩石（泥岩（でいがん））が分布する地域です。そのほか、火山活動・温泉活動が活発な場所も、岩石がボロボロになっているので、地すべりが発生しやすくなっています。

一方の崩壊は、山崩れともいわれ、崩れた場所の元の形は残りません。崩れた場所は大きく凹み、岩盤が露出しています。大規模な崩壊地は、層状の構造を持つ岩盤や火山の地域で発生します。それほど規模の大きくないものは、各地の山地で見ることができます。

崩壊
地すべり
地下水
粘土層

山の地形の変化のしかた

地震のときには山全体が揺らされます。特に尾根は震動が集中しやすいため、崩壊が発生しやすいと考えられています。ただし、崩壊の発生には、それぞれの場所の傾斜や、谷からの高さ、地質構造、地中の水分条件など、さまざまな要因が影響しています。斜面が揺らされることで地下水の状態が変わり、尾根ではなく谷が崩れることもあります。

1984（昭和59）年には長野県西部地震が起こり、そのときに長野県の御嶽山（おんたけさん）で御岳崩れ（伝上（でんじょう）崩れ）が発生しました。御岳崩れが発生した場所は、火山の山体が侵食されて凹みになっていた場所です。

2008（平成20）年の岩手・宮城内陸地震で発生した荒砥沢（あらとざわ）地すべりは、移動した土塊（どかい）の量が4500万 m^3 と見積もられています。この場所は、栗駒山（くりこまやま）山麓の全体的になだらかな斜面でした。地震による震動で、ほぼ水平に堆積していた、かつての湖の堆積物の層に沿って巨大な土塊が動いたと考えられています。

大雨のときには、地表に降りそそいだ雨水が谷に集まるため、尾根ではなく、

谷で地形の変化が起こります。水の働きで谷底の侵食が進み、土石流が発生したりします。さらに、大雨のときには広範囲での地すべりも発生します。

日本列島は地震も大雨も多い地域です。地震で揺らされた斜面は崩れやすくなり、そうした場所に雨が降ると、崩れる可能性が高まります。

近年では梅雨前線がこれまでより北上することが増え、また台風も東北、北海道に大きな被害をもたらすようになりました。このように雨の降り方が変わると、今まで崩れていなかった場所が崩れていく可能性が高まります。

氷河がつくる山の地形

標高の高い山の山頂付近や高緯度の山地には、肘掛け椅子のような、三方を急崖に囲まれた形をしている特徴的な地形が見られます。これらは、過去の寒冷な時代（氷期）につくられたものです。

氷期には、標高の高いところで冬に降った雪は、気温が低いため夏になっても融けきらず、年を越えて蓄積されていきます。氷河の上部では雪が蓄積されていき、氷は拡大し、下部では氷は融けて消えていきます。こうなると氷は、全体の収支が釣り合うように、下方に移動していくことになります。大きな氷の塊が下方に移動していくので氷の河、氷河と呼ばれます。

氷河が移動すると、氷の下にある岩盤を削っていきます。水の流れは直線的な谷をつくりますが、氷河は広い範囲をいっぺんに削っていきます。そのため、氷の下は、肘掛け椅子のような三方を斜面に囲まれた地形になります。この地形はカールと呼ばれます。

寒冷化が進むと、氷河はより大きくなり、下方に広がっていきます。もともと川によって侵食され、V 字型をしていた谷（V 字谷）に氷河が流れ込むことで、谷底の広い U 字型の谷（U 字谷）になると考えられています。

氷河は岩盤を削り、その削った土砂を氷河の前面や側方に堆積させていきます。そこでつくられる高まりはモレーンと呼ばれます。日本では、カールの下方に見られます。小高い丘になっているので、しばしば山小屋がつくられています。

モレーンと氷河に挟まれた場所は窪地になっているので、そこに水がたまり、湖になっていることが多くあります。そうした湖は氷河湖と呼ばれます。

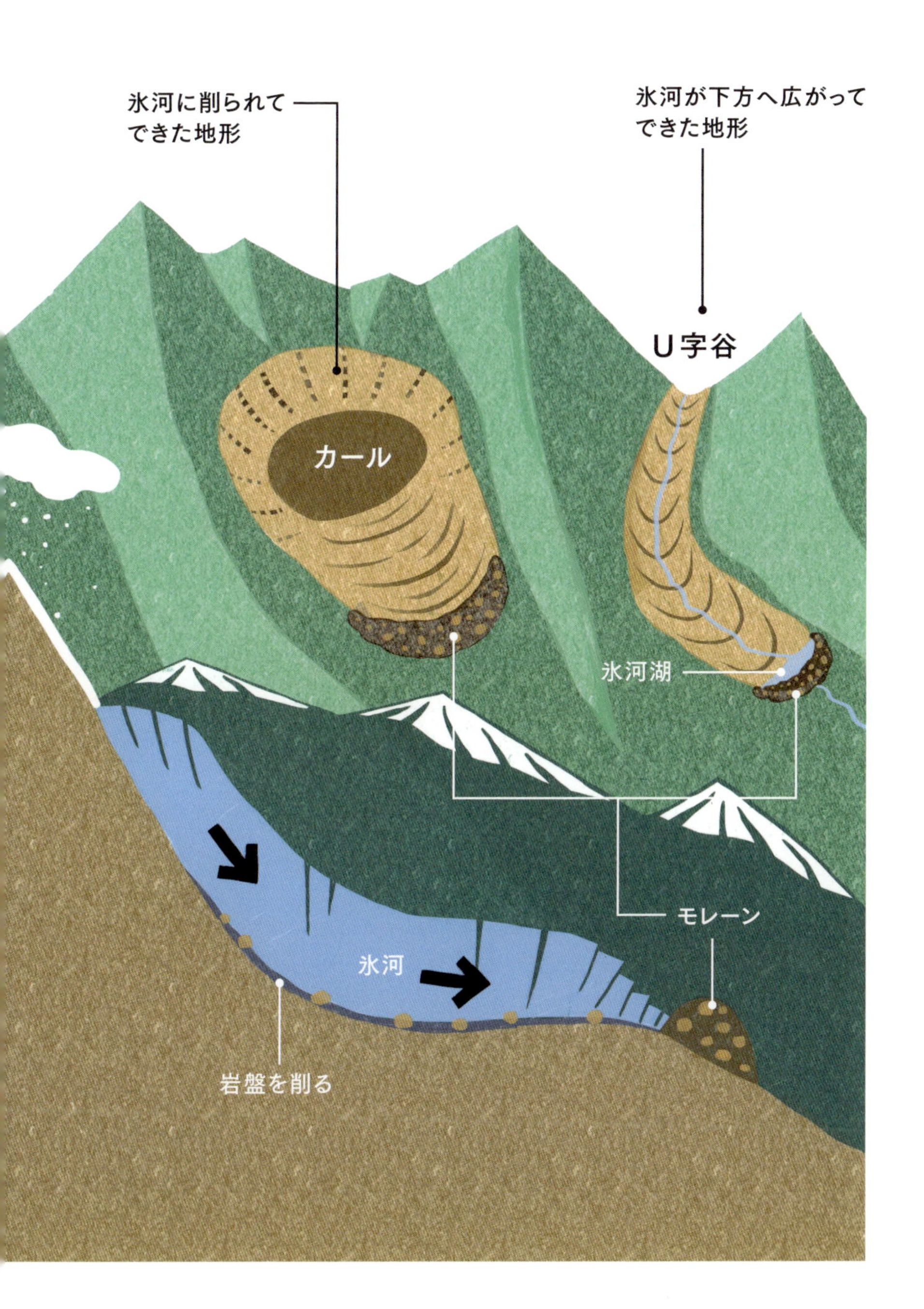
氷河に削られて
できた地形
氷河が下方へ広がって
できた地形
U字谷
カール
氷河湖
モレーン
氷河
岩盤を削る

寒冷な気候がつくる地形

寒冷な気候の地域では、氷河がつくる地形のほか、地面が凍ったり融けたりすることによっても特徴的な地形がつくり出されます。それらの地形は、周氷河地形と呼ばれます。氷河の周りと書きますが、必ずしも近くに氷河がある必要はありません。最初は、この地形が氷河周辺の地面が凍ったり融けたりする地域で記録されたので、この名前がつけられました。

気温が氷点下になると、地中の水が凍ります。水は凍ることにより体積を増します。それにより地中の泥や砂、石がわずかに動かされます。気温が上昇し、その氷が融けるときにもまた、わずかに泥や砂、石が動かされます。動き方は、粒の大きさによって異なります。そうした動きが繰り返されることで、それぞれ同じ大きさのものが集まり、その結果、構造土と呼ばれる特徴的な模様の地形がつくられます。

周氷河地形

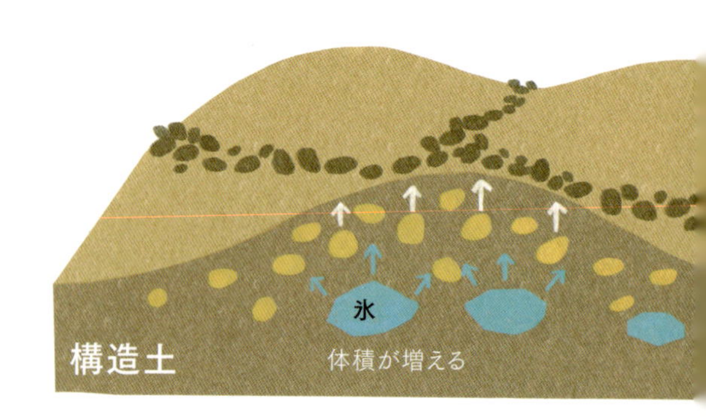

気温が下がる

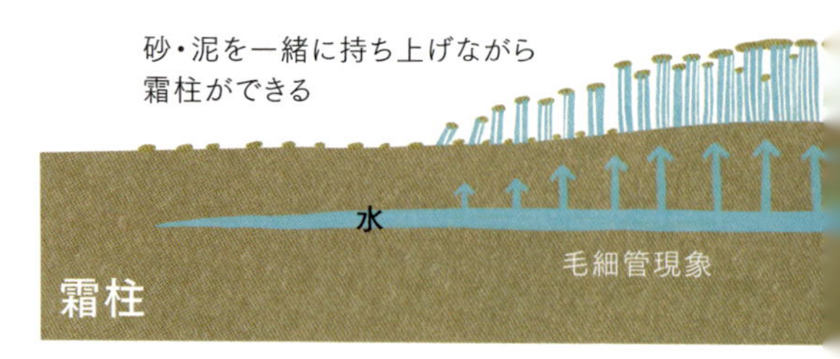

気温が氷点下になると、岩盤の割れ目にしみ込んでいる水も凍ります。やはり体積が大きくなるので、割れ目を押し広げます。その氷が大きくなったり、融けたりを繰り返すと、だんだんと、その割れ目から岩が剝がれ落ちていきます。寒冷な気候は、岩盤を徐々に割っていく働きも持っています。

これらのように寒冷な気候によってつくられる地形で、私たちが最も目にすることがあるのは、霜柱でしょう。夜明け前の気温が低いときに地中にあった水が、毛細管現象により地表付近で凍っていきます。それは上方に伸びていくので、朝には立派な霜柱になっています。この霜柱が成長するときに砂や泥を持ち上げます。そして昼ごろになると、霜柱が融けて、持ち上げられた砂や泥は、地表に落ちます。斜面でこうした働きがあると、地表の泥や砂は、少しずつですが、斜面の下方に移動していくことになります。

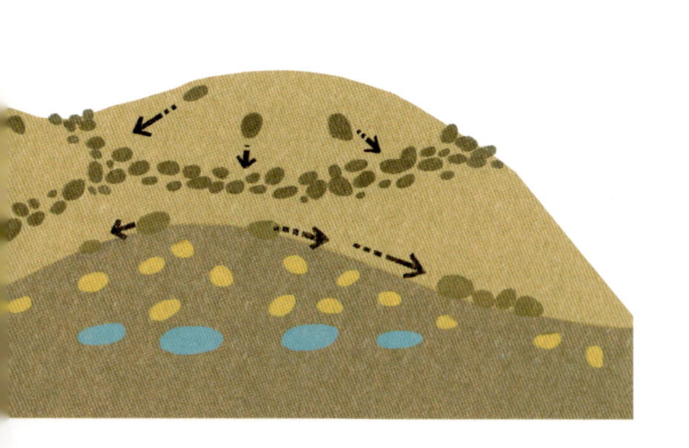

気温が上がる

霜柱は融けて砂・泥は再び地表へ

山を流れる川の地形

山地と平野では、川の地形は大きく異なります。山地では、川底は硬い岩盤で、谷の周りには山地斜面が広がっています。周りが硬い岩盤なので、川の位置は変わりにくく、また斜面が削られれば、そこから土砂が流れ込みます。平野では、川の周りは堆積した泥や砂、石ころからなります。それらは川によって侵食され、川の位置は変化していきます。

山を流れる川は、岩盤のところを長期的に削りながら流れていきます。硬い岩盤を水の流れだけで削るのは無理ですが、周りから崩れてきた土砂が川底にたくさんあるので、それらが水と一緒に流れていくことで、谷底を削っていきます。

山を流れる川の底は、岩盤や石ころです。これらは、所々に小さな段をつくり、急な流れとゆるやかな流れが交互に現れるように流れています。急な流れのところは瀬（せ）、ゆるやかな流れのところは淵（ふち）と呼ばれます。

大きな段は滝です。異なる地質の境界に滝が存在していることがしばしばあります。それは地質ごとの侵食のされやすさの違いが地形に現れているためです。氷河が発達していた地域には、氷河が削った大きな谷がありますが、そこを埋めていた氷河が、気候の温暖化により融（と）けてしまうと、大きな谷に流れ込む小さな川が滝となります。

岩盤からなる川底には、しばしばポットホールと呼ばれる特徴的な凹みの地形があります。岩盤の小さな凹みに石ころがはまり込んで、そこでその石が水の流れにより回転し続けると、川底の岩盤の小さな凹みがやがて大きな穴となります。

氷河
ポットホール
瀬
淵
川底の岩の凹みに
小石がはまり込み
回転しながら周りの岩を削り
次第に穴が大きくなる

活断層がつくる地形

日本列島は、プレートの活動により全国的に水平方向に圧縮されています。この働きにより、日本列島では、山地はみな隆起しています。土地が隆起するときには、地層がたわむか、あるいはどこかでずれる必要があります。ほとんどの山地は、その麓のあたりに地層のずれがあります。そのずれの場所が断層です。その断層の多くが、過去数十万年前から現在にかけて活動したものなので、活断層といいます。日本列島の活断層は、平野の縁に多く分布しています。これらが、日本の隆起山地をつくり出しています。

この活断層がずれた場所では、その痕跡が地形に残ります。地面がずれてできた崖のことを断層崖といいます。そして断層崖を挟む両側の地層を比較すると、その場所で過去にどのような力が働いていたかを調べることができます。断層を境に両側が引っ張られるようにしてできるのが正断層です。その反対に、両側から押されるようにしてできるのが逆断層です。引っ張られるようにしてできる断層を正断層というのは、地質調査が世界で最初に行われたイギリスで正断層が多かったためだといわれています。日本では、圧縮の力を受けているので逆断層が多く分布します。

活断層は、上下方向だけでなく水平方向にも動きます。どちらに動いているのかを区別するために、右横ずれ、左横ずれという表現で区分します。自分の立っている場所から見て、断層を挟んだ反対側にある土地が右にずれていれば右横ずれ、左にずれていれば左横ずれといいます。活断層による地震は、海溝型地震ほど地震のエネルギーは大きくないのですが、都市部で発生するため、その被害は甚大です。

隆起山地
隆起
活断層
押す力
地層がたわんだりずれたりする
逆断層
押す力
押す力
引っ張る力
正断層
引っ張る力
押す力
左横ずれ断層
押す力
押す力
右横ずれ断層
押す力

きほんミニコラム

山脈・山地・高地

山脈、山地という山の呼び方がありますが、どのように区分されているのでしょうか。定義としては、日本列島では、規模がより大きなものが山脈、山脈より規模の小さいものが山地、山地よりもさらに規模の小さいものが高地となります。ただし、これは日本列島内での区分です。世界に目を向けると、例えば南米大陸にはギアナ高地という場所があります。ここは、日本列島の山脈より大きな範囲です。日本列島の山脈と世界の高地を、名前だけで比較することはできません。

日本の山脈はそれぞれ名前がついていますが、別名で呼ばれることもあります。中部山岳地域の飛騨(ひだ)山脈、木曽(きそ)山脈、赤石(あかいし)山脈は、日本アルプスと呼ばれます。この日本アルプスという名前は、外国人がつけました。最初に日本アルプスと呼んだのはイギリス人の冶金(やきん)技師・ウィリアム＝ゴーランドという人のようです。その後、この名前が宣教師・ウォルター＝ウェストンの『日本アルプスの登山と探検』という本に使われ、広く認識されるようになりました。

海外の山の名前と石の名前とが関係しているものもあります。南アメリカ大陸の西側にあるアンデス山脈です。火山岩の一種に安山岩(あんざんがん)という石がありますが、これは、このアンデス山脈に分布しているためつけられた名前です。アンデス山脈の石なので、英名はandesiteになりました。和名はアンデスのアンを安とし、安山岩となりました。

Chapter 3

平野と海の地形

平野のでき方

日本列島で最も人口が集中しているのは、東京大都市圏（首都圏）です。次に多いのが、大阪大都市圏（関西圏）です。その次に多いのが名古屋大都市圏（中京圏）です。これらの人口集中地域は、いずれも広い平野に立地しています。それぞれ、関東平野、大阪平野、濃尾(のうび)平野と呼ばれています。この平野というのは、低くて平らな土地のことで、山地と対比されるものです。

平野を地図で見てみると、いずれも川の下流に当たっています。関東平野であれば利根川や荒川が、大阪平野であれば淀川が、濃尾平野であれば、木曽川、揖斐(いび)川、長良川が流れ込んでいます。これらの川が、山地である上流部から土砂を運んで、堆積させ続けて平野をつくっている

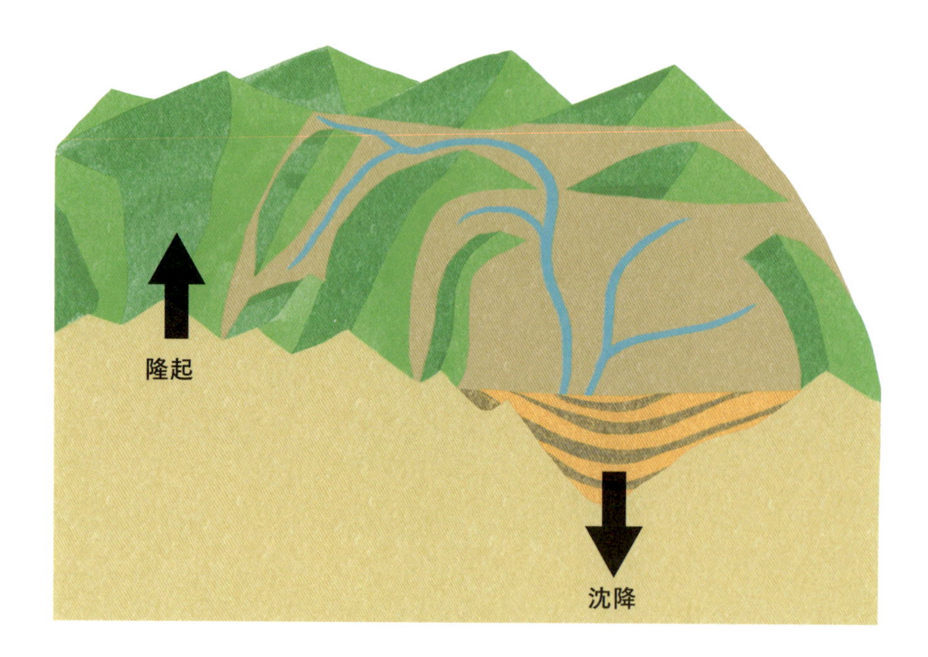

のです。平野に川が流れ込むようになったのは、平野の部分が長期的に沈降しているからです。

関東平野の地下は、主に川や海によって運ばれてきた土砂を取り除くと、巨大な凹みになっています。もともとそういった形だったわけではなく、今一番深いところがどんどん沈み、縁の部分が持ち上がっているのです。その証拠に、その東側の縁の部分である銚子と、西側の縁の部分である関東山地には、同じ時代につくられた地層が現れています。そしてその地層は、埼玉県の付近では地下3000mのところにあります。

濃尾平野は、平野の西側にある養老山地の東麓に断層があり、それが動き続けています。山は隆起を続け、平野は沈降を続けています。そうした動きがあるため、木曽三川は平野の西側に寄っていくのです。

平野を流れる川は、洪水時には氾濫するため、土砂がたまり、平らな土地がつくられてきました。そうした場所なので、水を得やすく、また泥があるため農業にも適していて、人が集まって都市をつくるようになりました。

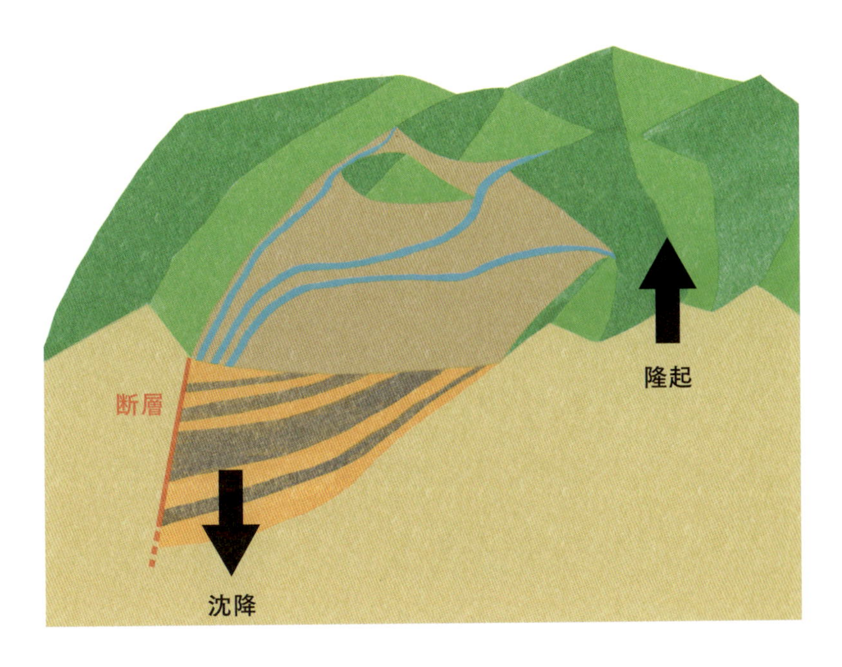

川の水の流れ方

地球上にあるさまざまな地形の成り立ちを考えるとき、川はとても重要な働きをしています。山地を流れていく川は、岩盤を削り、谷を掘り下げ、あるいは谷幅を広げていきます。それが一因となって、山は崩れ、山の形ができあがっていきます。そこで削られた土砂が川によって下流に運ばれ、それが堆積したところで平野をつくります。私たちが目にしている地形の多くは、川の働きが関わってできています。

川を地形の変化の面から考えると、川とは主に水が移動していて、その水が動くことによって石ころや砂、泥が移動している場所といえます。これに対し、川よりも高い場所にある山の斜面では、水は流れていますが、主に移動しているのは石や土砂です。山地の斜面にある石は、自分の重さで落ちたり、転がっていったりします。そして、雨が多く降ると、水と一緒になって移動します。この水と石、土砂が一体となって流れていくのが土石流（どせきりゅう）です。普段は水が流れておらず、こうした土石流がしばしば発生する場所は、川ではなく、斜面を刻む谷といえます。

こうした土石流がしばしば起こる谷よりも勾配がゆるやかで、水がいつも流れている場所が川になります。水がいつも流れていると書きましたが、場所によっては、季節的にしか水が流れない場所もあります。例えば平野の一部である扇状地の川は、石ころが厚く堆積しているので、水の量が少なくなると地表に水が流れなくなる場所があります。また乾季と雨季のある気候の地域では、乾季には水が流れない涸れ川（ワジ）があります。

崩壊
土石流
山の川

平野の川

川を流れる石ころと砂

水が自然の中で恒常的に流れているところが川だとされていますが、地形のでき方から考えると、ちょっと違います。川は、水とともに石ころや砂、泥を流しているところです。そして、それらが堆積することで、私たちの暮らしの場である平野がつくられています。では、石ころ、砂、泥が、どのようにしてつくられたのか見ていきましょう。

石ころや砂は、地面をつくる岩石が細かくなったものです。その岩石は、主に山で露出しています。山の岩盤は、乾湿や気温変化、生物の働きなどで割れ目が入り、それが崩れていきます。山が崩れると角張った石ができますが、水流により川を下っていくにしたがい、割れて小さくなり、また角がとれて丸くなっていきます。石ころのことを専門的には礫(れき)といいます。もともと礫という言葉は小石を指す言葉でしたが、専門用語ではそれが拡大解釈されて、直径 2mm より大きい小石から大きな石までを指す言葉になっています。

水の量が増えた洪水のとき、川の流れは、川底にある石ころをたくさん動かします。私たちが晴天時に見ることができる河原の形は、洪水のときにつくられたものです。ときには堤防を越えて、人の住んでいるところまで水が押し寄せてきます。その水には砂や泥が混ざっています。その泥はゆっくりと沈み、川の周りに堆積していきます。

石ころは、移動していく中で徐々に小さくなります。割れるときには破片もできます。そうして細かくなったものが砂です。砂は、石ころがさらに細かくなったものといえます。細かい砂は下流まで到達し、海岸で砂浜をつくります。

浮流
掃流

砂と泥

石ころは、風化や山崩れ、あるいは川底や川岸が削られることによってできます。その石ころは、細かくなると砂になります。それは、その石ころが砂のサイズの鉱物の粒からできているためです。石ころが、さらに細かい粒のサイズからできている場合、砕けていくと泥ができます。

砂は 1/16 ～ 2mm、泥は 1/16mm より小さい粒です。この砂と泥は、水の中では動き方が大きく異なります。砂は川底を這うように流れていき、泥は水に混ざり流れます。砂は水の流れが強いときには底から巻き上がりますが、すぐに沈みます。一方で、泥は一度水と混ざってしまうと、それが沈むまでには時間がかかります。

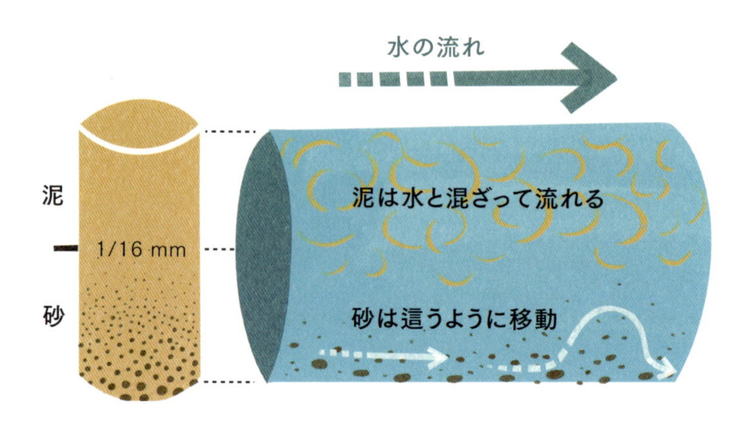

こうした流れ方、沈み方の違いは、川の周りでの砂と泥のたまり方の違いに現れます。砂は川の周りに堆積しています。これは、川の水位が上がったときに川底を流れたものか、あるいは氾濫が起こって河道（かどう）近くにたまったものです。川の水位が上昇して氾濫が起こったときでも、砂は川から遠くまではあまり流れていきません。

泥は水に混ざった状態で、氾濫した水が到達するところまで流れていきます。そして、氾濫した水がゆっくり引いていくと一面に泥がたまります。川の周りにたまった砂は自然堤防という地形をつくり、一面に広がった泥は後背湿地（こうはいしっち）という地形をつくります。日本列島をはじめアジアの国々では、川の周りの低地に水田が広がっていますが、この水田は、低地いっぱいに堆積するという泥の性質があるために、成立しているといえます。

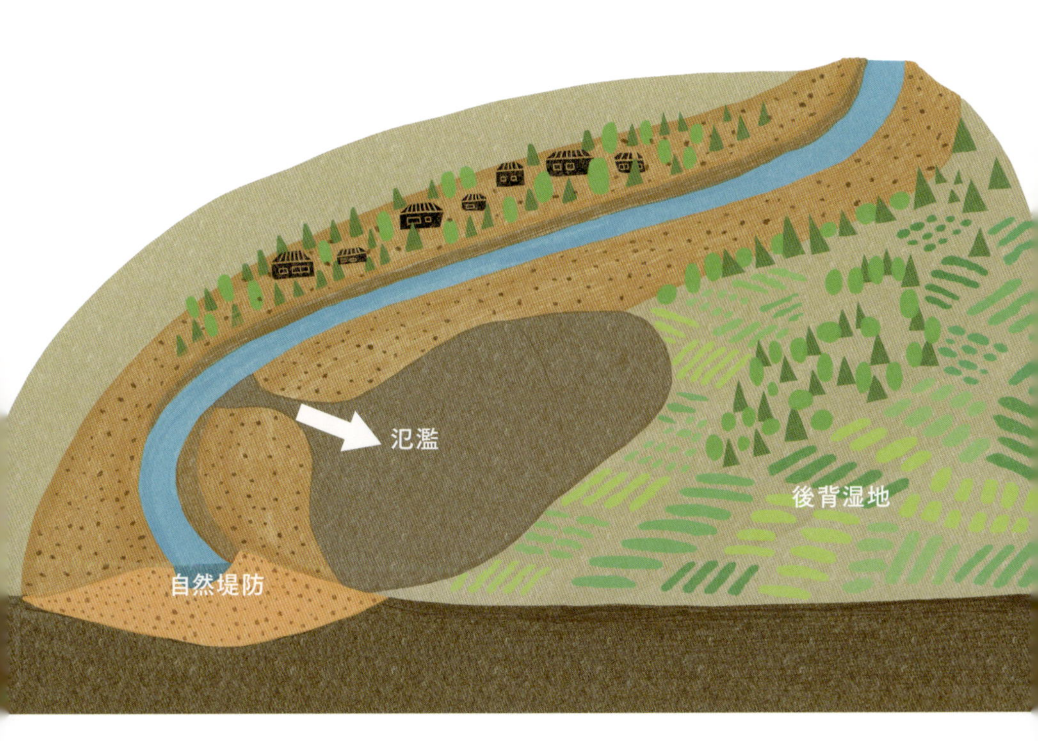

平野の川がつくる地形
[扇状地]

川は山地斜面から崩れてきた、たくさんの石ころ、砂などを下流に流していきます。川が山間部を抜けて開けた平野に出ると、そこで石ころ、砂を堆積させながら地形をつくり出していきます。平野につくられる地形は、上流から扇状地、蛇行原（だこうげん）、三角州となります。上流から下流にかけて、石ころ、砂、泥と、堆積するものの粒の大きさが小さくなり、川の流れ方が変わっていくことに起因します。

山から流れ出た川が、平野で最初につくる地形が扇状地です。上流部の山地の隆起量が大きかったり、あるいは火山があったりすると、そこで大量の土砂がつくり出されます。石ころを多く流す川は、強い侵食力を持ちます。そのため、その川は山や丘陵の裾野を削りながら、堆積する場所を拡大させ、扇状地を大きくしていきます。日本列島は山がちの国土です。そのため、大きな扇状地となると、それが海岸線にまで広がっています。このような扇状地は臨海扇状地（りんかいせんじょうち）と呼ばれます。

火山の山麓に広がる扇状地は、火山麓扇状地（かざんろくせんじょうち）と呼ばれます。富士山は裾野が広く、それが美しい火山の景観をつくり出しています。これは火山噴火により山体が大きくなり、その土砂が雨水などによって削られ、山麓に運ばれたため扇状地も大きくなりました。

扇状地は石がちの土地で水はけがよいため、果樹園などに利用されている場合もありますが、日本全体でみると、必ずしも果樹園ばかりではありません。水田として利用されている場所も数多くあります。果樹園として利用されているのは小さな扇状地です。それに対して、水田として利用されているのは大きな扇状地です。

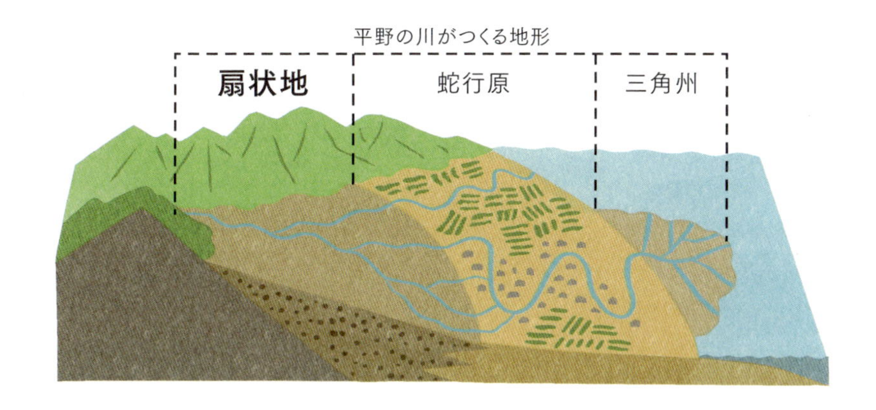
平野の川がつくる地形
扇状地
蛇行原
三角州

平野の川がつくる地形
［蛇行原］

扇状地の下流側では、土地の勾配はゆるやかになります。そこに堆積しているものは礫から砂と、扇状地に比べると粒径が小さいものです。川は蛇行し、河道の周りには自然堤防が発達し、その周りには平らな後背湿地と呼ばれる土地が広がります。こういった場所全体を蛇行原といいます。自然堤防帯や氾濫原と呼ぶこともあります。日本では、自然堤防の上には住居が、その周りの氾濫原には一面の水田が広がります。

この場所を特徴づける自然堤防とは、河道に沿って分布する高さ１～２ｍの、主に砂や泥からなる高まりの地形です。川が氾濫すると、水と一緒に川底にあった砂も河道の外に流れ出します。氾濫した川の水は、水深が急に浅くなるため砂を運ぶ働きが弱くなります。そのため、砂は遠くまで流されずに、河道の周りに堆積していきます。そして川の周りに自然堤防ができていきます。

自然堤防は主に砂からできている微高地であるため、やや乾燥しています。また、河川が氾濫したときにはその被害を免れるか、あるいは水に浸かったとしても水が速く引いていきます。そのため、古くから住宅地として利用されています。

蛇行原を流れる川は、洪水のときに流路を変更します。その流路変更の過程でできるのが、三日月湖という湖です。牛角湖ということもあります。河道が蛇行しながら移動していくと、河道同士が近づいてつながってしまうことで、河道の一部が取り残されて湖となります。この三日月湖は、本来は自然につくられるものですが、人間が河道をショートカットさせて、人工的に三日月湖がつくられることもあります。

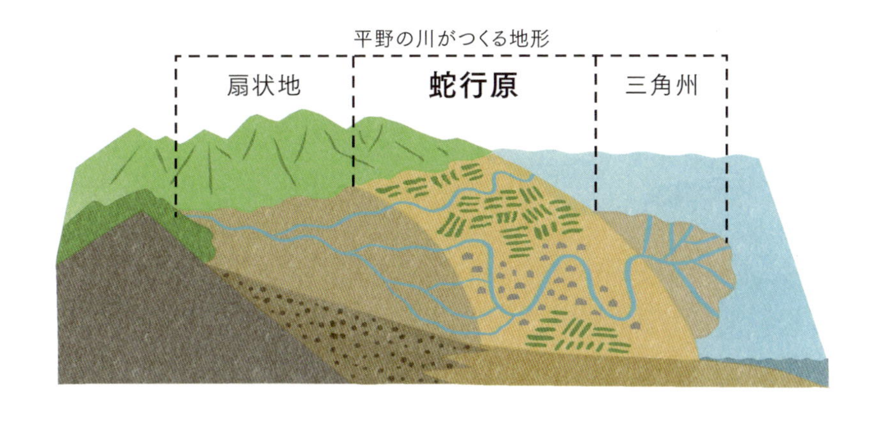
平野の川がつくる地形
扇状地
蛇行原
三角州

三日月湖
流路の変更
1〜2mの高まり
水はけがよい
水田が広がる
後背湿地
自然堤防

28

平野の川がつくる地形 [三角州]

蛇行原よりさらに下流の、海に川が流れ込む場所では、三角州と呼ばれる地形がつくられます。主に泥が堆積しています。勾配は蛇行原よりさらにゆるくなります。この三角州は川が泥を運ぶ力と、海や湖の波が侵食する力とのバランスで、その形が決まります。

平面的な形を見ると、全体の形は三角形になります。これは、河道が下流側に向かって分岐していくためです。これは、ギリシャ文字のΔの形なので、この地形はデルタとも呼ばれています。

上流から川の働きで流れてくる泥が、海の波によって侵食されない場合、川の河口部分が海側に伸びていきます。ミシシッピ川の三角州などが有名です。また、湖にできている三角州も同様の形をしているものがあります。鳥の足の形に似ているので鳥趾状三角州と呼ばれます。

三角州は、海に面している低平な土地なので、現在は多くの人が暮らし、工場も多く立地しています。そうした、人に多く利用されている場所ですが、低い土地であるため、河川の氾濫や高潮災害の被害を受けやすい場所でもあります。

三角州は河口付近に分布していますが、河口付近の平野の地形はすべて三角州であるとは限りません。日本列島では、大陸に比べると山地から海岸までの距離が短く、扇状地の縁が海岸となっていることもしばしばあります。平野の地形は上流からつくられていくので、扇状地が海岸に接して広がっていくという場合もあります。

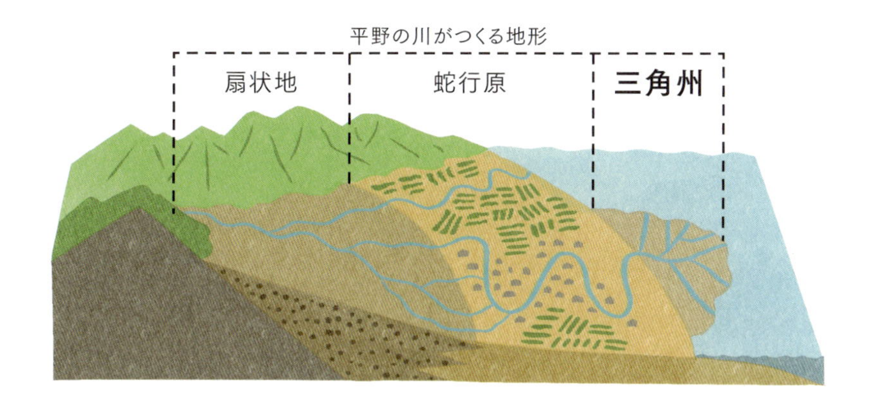

三角州の種類

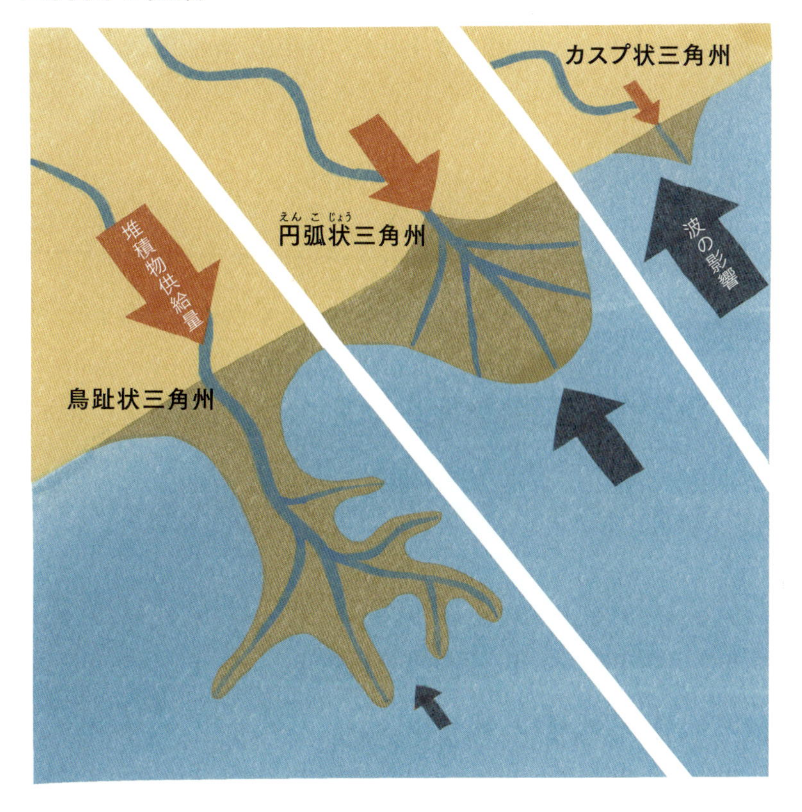

低地と台地

平野で、主に河川の働きによってつくられた、扇状地、蛇行原、三角州という地形は、数万年から数十万年という長い時間が経つと、その土地の高さが変わって、階段状の地形がつくられていきます。その理由の1つは土地の隆起です。もう1つは気候変動にともなって海の高さが変動し、侵食、堆積が起こるためです。

扇状地、蛇行原、三角州という地形は、川の高さでつくられますが、その土地が長期的に隆起していると、それらの地形は段々と高い位置に変わっていきます。そして、現在の川の働きが及ばない高さにまでなると、そこは台地になります。現在の川の働きが及ぶ高さにあるものは低地といいます。そして低地と台地との間には崖ができます。さらに台地は、長い時間が経つと階段状になります。これらの階段状の地形全体を指して、段丘と呼びます。

隆起とは別に、寒い時代と暖かい時代の繰り返しという気候変動によっても段丘はつくられます。地球上では数千〜数万年のスケールで寒い時代（氷期）と暖かい時代（間氷期）とが繰り返されています。氷期には氷河や氷床が発達し、海面の高さ（海水準）が下がります。海面が下がると、そこに流れ込む川の高さが下がるため、谷が深く刻まれていくことになります。そのときに、かつての低地は台地になります。

反対に、間氷期には海面の高さが上がります。水没したところでは、海の働きで土地が平らに侵食され、また、土砂が堆積することもあり、平らな土地がつくられます。それがその後、台地となります。

河成段丘のでき方

①河道の周りに
土砂が堆積する

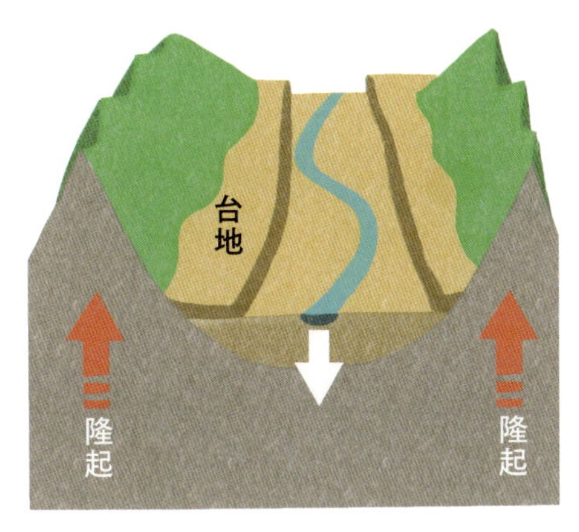

②土地が隆起するか
もしくは海面が下がり,
川の高さが下がることで
台地ができる

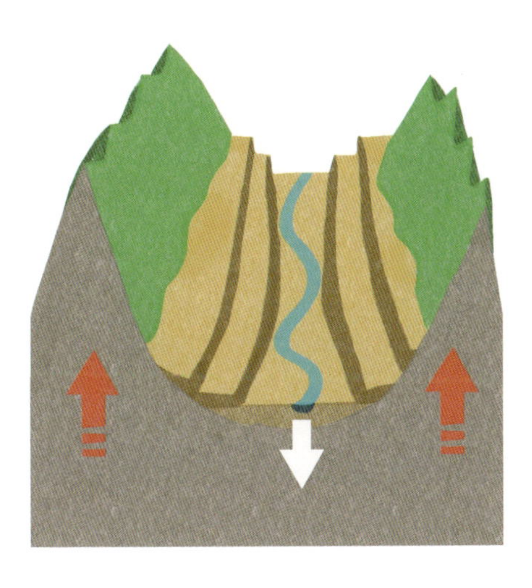

③同様のことが繰り返され
階段状の地形となる

平野の時代の調べ方
——テフロクロノロジー

日本列島各地の平野にある段丘がいつできたのかを調べるために、遠くの火山から飛んできた火山砕屑物（テフラ）を使います。テフラとは、噴火のときに火口から噴出されたもののうち、溶岩流以外のものを指します。粒子のサイズが 2mm 以下のものは火山灰と呼ばれます。

段丘は、それぞれの場所の隆起の速度によって高さが異なります。そのため、単純に高さを比較してもどちらが古いのかわかりません。しか

し、テフラを使うと、時代を比べることができます。

日本各地にある火山は、何度も噴火を繰り返しています。それぞれの火山から噴出されるテフラは、地下のマグマの状態や噴火の仕方によって、化学的な成分や粒の形、そして堆積した場所が異なります。同じ火山でも、噴火が異なれば違うテフラになります。段丘の上に堆積しているテフラを詳しく観察、分析すると、それぞれのテフラの違いがわかります。そして、そのテフラの含まれる地層の年代を調べ、１つ１つのテフラについて、どこの火山がいつ噴火したものなのかを明らかにしていきます。そうして情報が集まると、それぞれの段丘の上に堆積しているテフラから、その段丘がいつつくられたものなのかを調べられるようになります。こうしたテフラを使って土地の時代を決める方法を、テフロクロノロジーといいます。

日本列島の上空は偏西風が吹いているため、テフラは火山の東側に多く堆積します。過去に九州では、阿蘇火山や桜島周辺で大規模な噴火が起こりました。そのときに噴出したテフラは、偏西風に乗って本州島を覆うような広い範囲に飛んでいきました。また、関東平野の西側にある、箱根火山、富士山、八ヶ岳などの火山のテフラは、火山の東側にある関東平野に広く堆積しています。

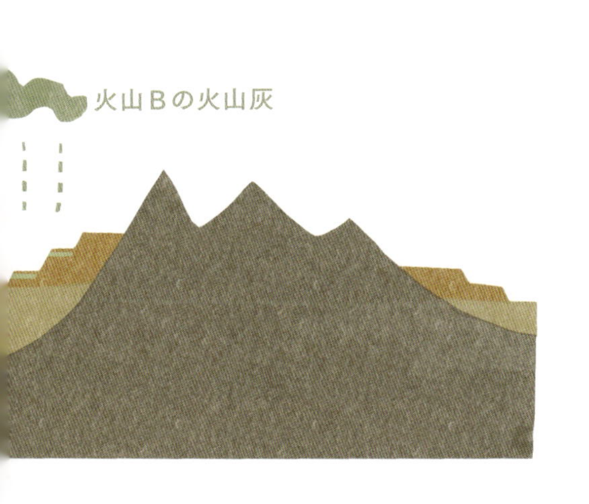

山地と平野の中間地帯
[丘陵地]

地形を大きく分けると山地と平野になります。その山地と平野の中間の地形を分類すると丘陵という区分になります。山地、平野が2文字なので、それに合わせると丘陵という表現になり、山地、台地、低地のように、地をつけると丘陵地になります。

山地は高標高で、急な斜面を持ち、硬い岩盤からつくられています。一方、平野は低標高で、平らな土地で、やわらかい地層からつくられています。丘陵地はその中間で、山地ほど高くなく、平野ほど低くありません。全体的に、山地ほど急ではなく、平野ほど平らではありません。そして、地下の一部には硬い岩盤があるのですが、表面は平野の地層と同じです。またつくられる時間は、山地と平野の中間で、数十万年といった長さになります。

古くから、日本各地では稲作が営まれていたため、平野に暮らす人が多くいました。丘陵地は、食料となる動植物や、燃料となる木などを採取する「ヤマ」として利用されていました。それが、第二次世界大戦後、燃料革命が起こるとヤマは利用されなくなりました。また、大都市圏において人口が爆発的に増えると、低地、台地だけでなく、その周辺の丘陵にまで住宅がつくられるようになりました。

こうした丘陵地の開発では、出っ張った場所を削り（切土（きりど））、その土砂で凹んだところを埋める盛土（もりど）が行われました。こうすることにより効率的に土地を造成することができました。しかし、盛土の一部では、その後の地震のときに地すべりが発生するなど問題が起こっています。

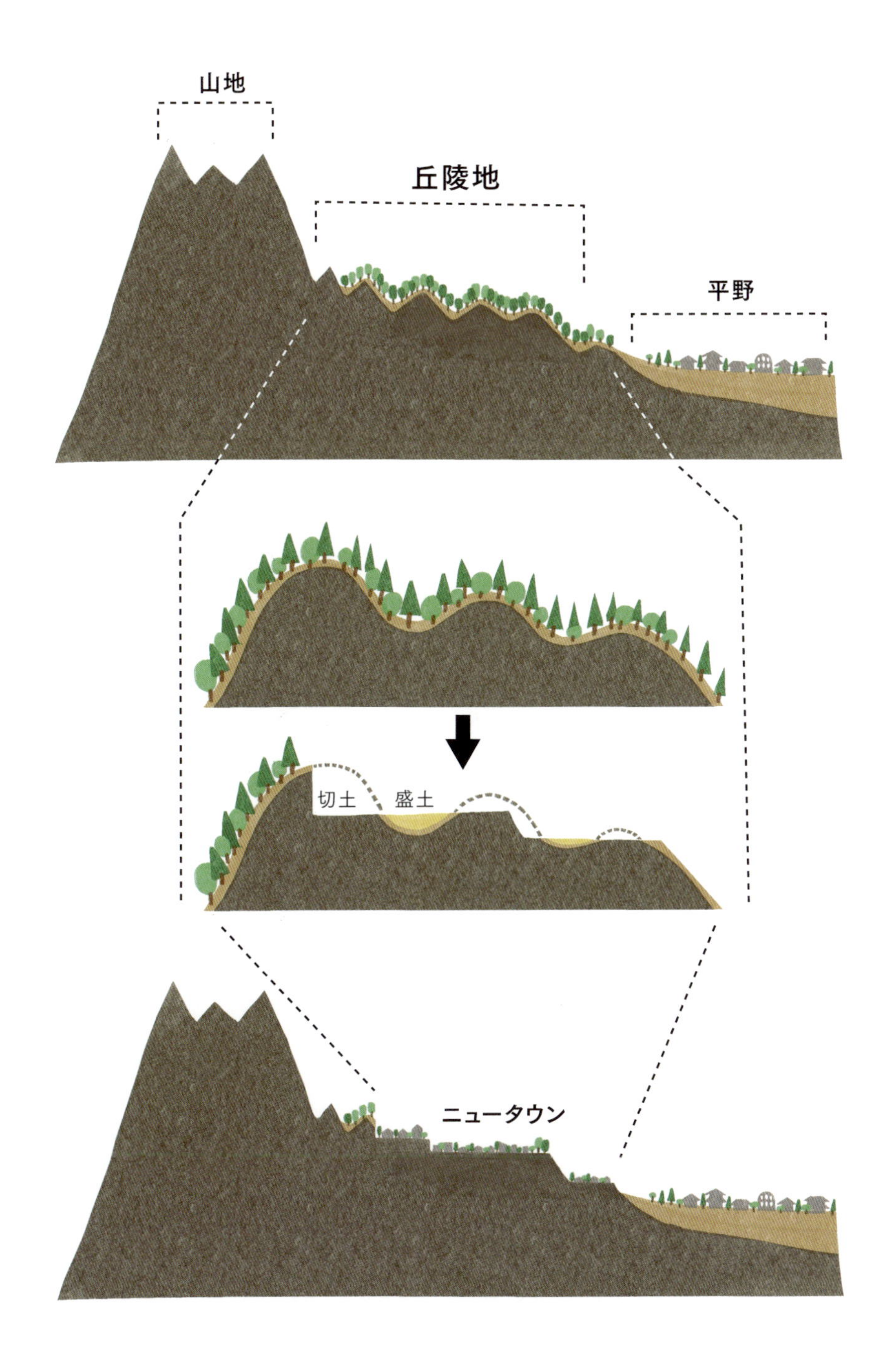
山地
丘陵地
平野
切土
盛土
ニュータウン

平野の湖
[海跡湖]

日本列島には多くの湖があります。それぞれの湖がある場所からおおよそ、その成因がわかります。山地にある湖は、断層湖（例えば琵琶湖）や火口湖（例えば蔵王火山の御釜、草津白根山の湯釜）などです。また、平野には、川の跡の三日月湖や海跡湖があります。

海跡湖は、海に近いところにあります。かつてそこが海だった時代に湖の原形がつくられました。縄文時代の中でも特に気候が温暖であった、今から6000年前ごろは、日本列島では海が内陸にまで入り込んでいました。その後、海が引いていきます。海面が高かったときに海になっていた場所の一部は、その後、上流からの土砂によって埋め立てられることなく、湖として残りました。こうしてできたのが海跡湖と呼ばれる湖です。日本で２番目に大きな湖である霞ケ浦や、干拓前の八郎潟などは海跡湖です。

海跡湖の多くは、海側と砂州で区切られていましたが、一部では海とつながっていました。陸側からは川の水が流れ込み、海からは海水が入り込むため、湖の水はそれらが混ざり合い、海水よりも塩分濃度の低い水になっていました。そうした水のことを汽水といいます。自然状態の海跡湖の多くは汽水湖でした。

かつては海跡湖で採れる魚や貝、海藻、海草などは周辺住民の食料や生活物資でした。しかし、川の最下流部にあることから、人間活動の影響で汚染が進み、また洪水の被害もしばしば発生しました。さらに工業用水や農業用水を確保する目的から、海とつながっていた部分を堰で遮断し、淡水湖にしました。また、一部の汽水湖では干拓や埋め立てが進みました。こうして日本列島各地にある海跡湖はその性質を変化させていきました。

火口湖
断層湖
海跡湖
三日月湖

砂浜海岸

海岸は、そこに分布する地質と地形とがよく対応しています。日本列島では、大きく次の３種類に区分できます。それは、①主に砂からなる浜、②岩盤からなる磯、③サンゴ礁の海岸です。

①の砂からできている浜は、砂浜といいます。石ころからできている場合は礫浜（れきはま）といいます。日本の多くの浜は砂浜ですが、小さな島や、山の斜面のすぐ近くの海岸では、礫浜になっている場所もあります。

砂浜は、一面が砂で、目立つ地形はあまりありませんが、詳しく見ると、海岸線と平行に傾斜が変わる場所が何カ所かあります。海岸線近くの、波が到達している場所は、前浜（まえはま）と呼ばれます。打ち寄せられた波が砕けて斜面を登っていくときにつくられる斜面です。そこから内陸側には、普通は波が届きません。この部分を後浜（あとはま）と呼びます。前浜よりも傾斜がゆるくなっています。場所によっては、内陸側に向かって下がっています。嵐のときには波が届く範囲です。さらに、その先には砂の大きな高まりがあります。これは、前浜や後浜とは異なり、風によって運ばれた砂によりつくられた砂丘です。

波打ち際の平面形も特徴があります。海岸線が所々、飛び出している形になることがあります。これはカスプと呼ばれる地形です。カスプは波の働きによって部分的に砂や石ころが寄せ集められてできます。

砂浜をよく観察すると、さまざまな生物がいます。前浜には、海藻が打ち上げられていることがよくあります。この海藻は小さな虫の隠れ家にもなっています。砂浜のあちこちにある小さな穴は、カニの巣穴です。その周りには小さな砂の団子が転がっていることがあります。このように砂浜は砂だけではなく、たくさんの生きものの生活の場になっています。

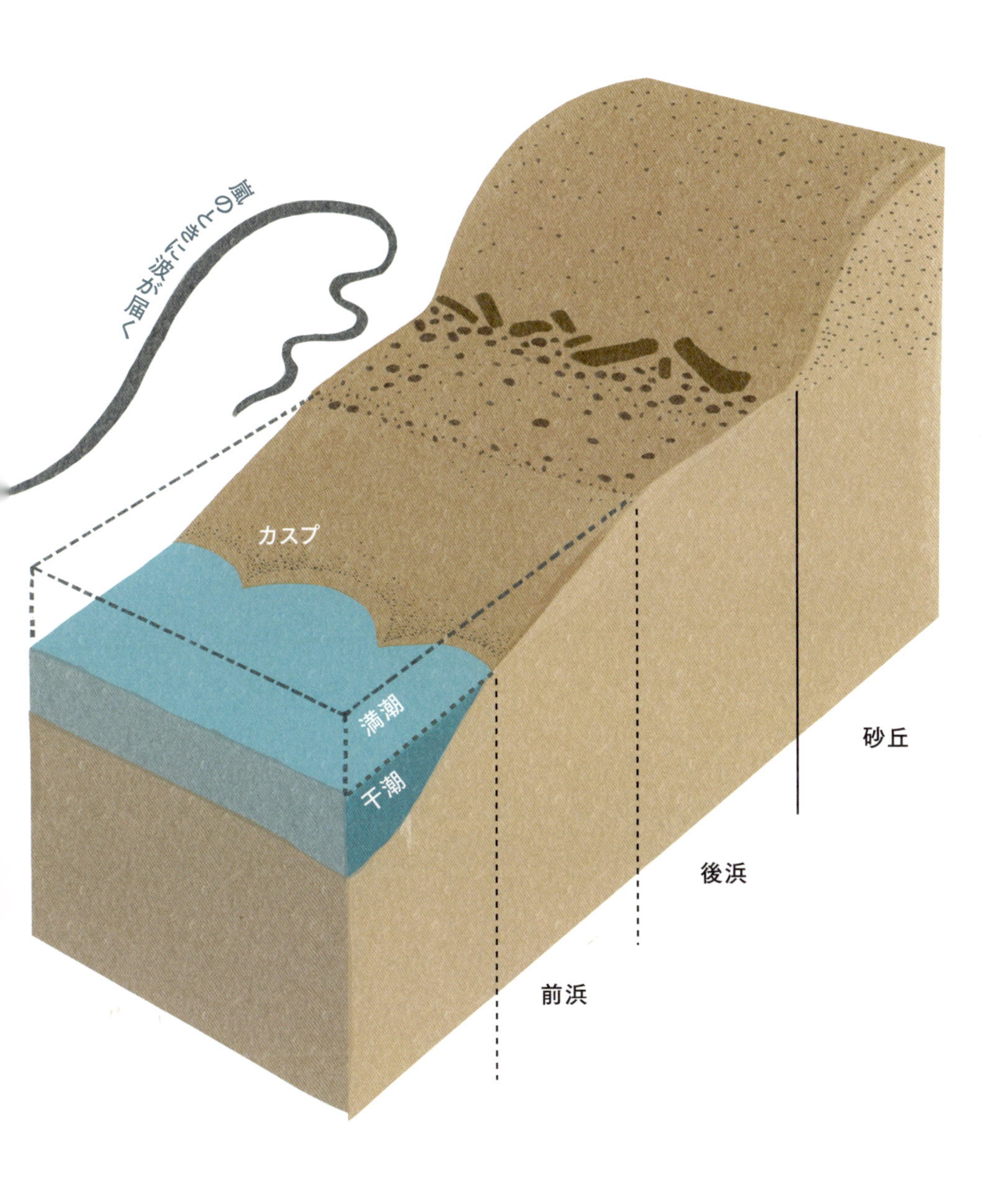
嵐のときに波が届く
カスプ
満潮
干潮
砂丘
後浜
前浜

砂丘と砂漠

砂丘は海岸のような砂がある場所から、砂が風で飛ばされたことによってできた高まりの地形のことです。日本で砂がたくさんある場所は海岸なので、多くの砂丘が海岸近くにあります。

海岸以外では、砂丘は内陸にあります。内陸で砂がたくさんある場所は、長い川の中下流部です。川では上流から下流に行くにしたがって、石ころのサイズがだんだんと小さくなり、長い川では細かくなって砂になります。河道(かどう)の周りにたくさんの砂があると、風でそれが移動し、砂丘をつくります。川の畔にある砂丘ということで河畔砂丘(かはんさきゅう)と呼ばれます。内陸の砂丘の多くは破壊されてしまいました。平らにすることで農地に変わり、削った砂は、資源として利用されました。

砂丘は、風によって砂が移動してつくられる地形なので、砂の量や風の吹き方によってさまざまな形の地形がつくられます。

しばしば誤解されているのが、砂丘と砂漠です。砂丘は砂漠にもあります。ただし、砂丘があるからといってそこが砂漠であるということにはなりません。砂漠は降水量が極端に少ないところにつくられます。日本の砂丘では、普通に雨が降っています。砂丘ではありますが、そこは砂漠ではありません。砂漠は乾燥しているため植物が育たないのですが、日本列島では雨が降るため、条件としては植物が育つ場所です。日本の砂丘で植物が育っていない場所があるのは、砂が海から供給され、それが風で激しく動いているためです。

いろいろな砂丘の形

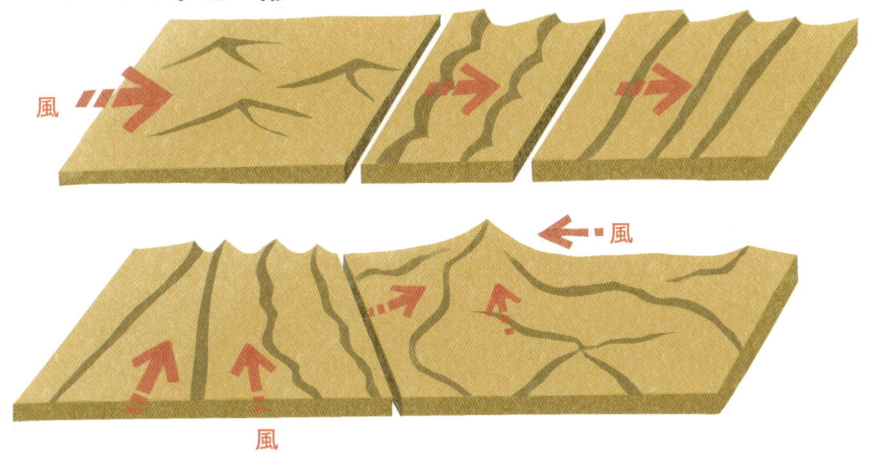

岩石からなる海岸
［磯］

岩石からなる海岸は、岩石海岸あるいは磯といいます。岩石海岸で平らになっているところは、波の働きによって岩盤が削られ、乾湿による風化が進み、さらに生物の働きも加わり平坦になっています。このような地形は波食棚（ベンチ）と呼ばれます。波食棚は地震時に隆起して、海面より高いところに広がることもあります。

岩石海岸にはいろいろな地形があります。岩石海岸の内陸側の崖は、海食崖と呼ばれます。波打ち際では、崖の基部に波が打ちつけられ、窪みができていきます。その窪みが大きくなると上部の岩盤を支えきれなくなり、崩れて崖になります。この崖は時間とともに後退していきます。

海食崖には、しばしば大きな洞窟があります。これは海食洞と呼ばれます。周囲の岩盤を見ると、洞窟の穴が伸びる方向と同じ方向の割れ目があります。こうした割れ目があると、そこから岩盤は削られていきます。削られやすいところに洞窟ができていると考えられます。こうした大きな窪みではなく、数cm～数十cmサイズの小さな窪みもあります。これは、タフォニと呼ばれるものです。海水の飛沫が岩盤に付着し、それが原因となって風化が進み、窪みが成長していきます。

海岸近くに規則的に凹凸が繰り返され、水平方向に広がる地形が見られることがあります。「鬼の洗濯板」などの名前で呼ばれています。こうした地形ができる場所は、割れやすさに違いがある地層が、傾いて分布しているところです。

波打ち際は、波の働きによって石ころが移動するため、海食崖の基部などは侵食が進みます。一方で、沖は侵食が進まず、岩が取り残されることがあります。それは離れ岩（スタック）と呼ばれます。

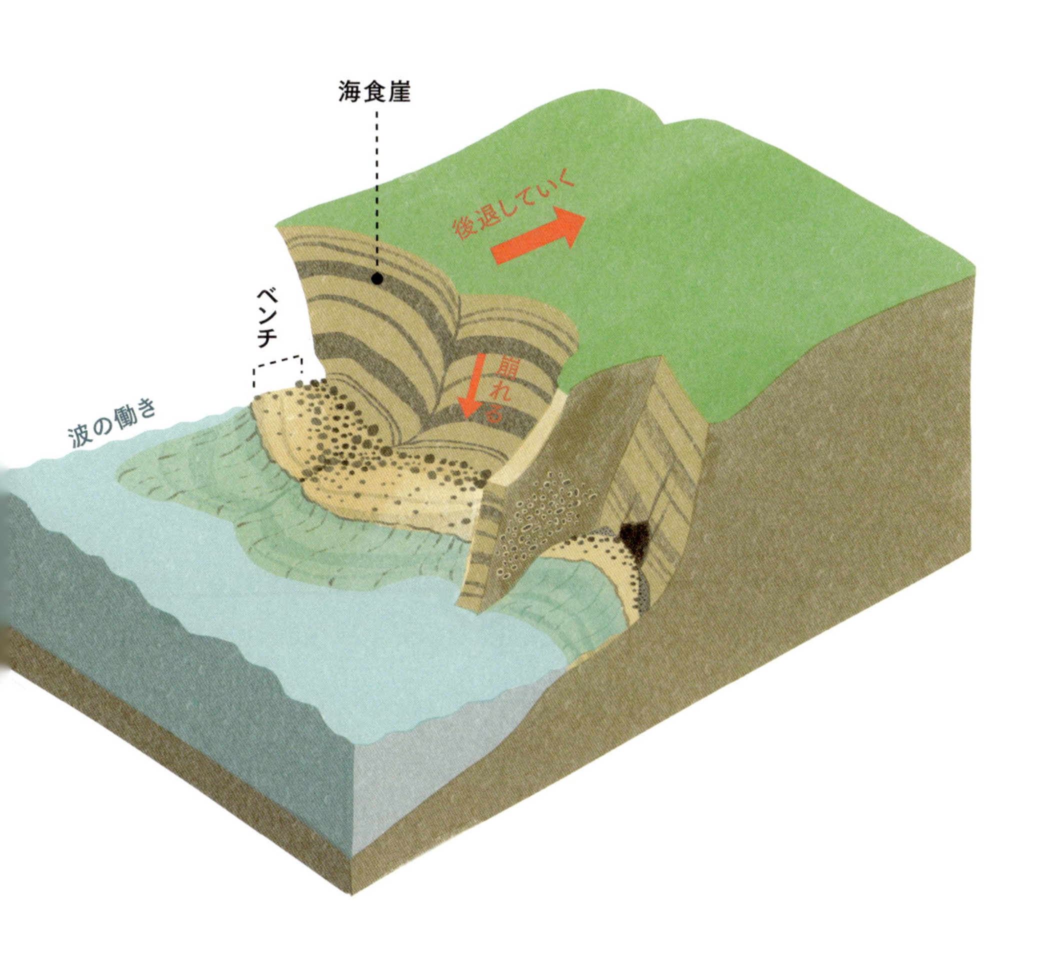
海食崖
後退していく
ベンチ
崩れる
波の働き

サンゴ礁

琉球列島など、海水温が高いところにある島の周囲 100 ～ 200 m ほどの範囲は、その外側の海よりも浅く、海の色が明るく見えます。この浅い海は、サンゴがつくり出したサンゴ礁という地形です。沖縄では、この浅い海はイノーと呼ばれます。

サンゴ礁をつくるサンゴは、30℃ぐらいまでのあたたかい海に生育する動物です。宝石となるきれいな宝石サンゴと、骨格が陸地をつくる造礁サンゴとの 2 種類があります。サンゴは自分から栄養を取ることができないため、褐虫藻という植物プランクトンと共生しています。褐虫藻は、サンゴをすみかとし、サンゴが吐き出した二酸化炭素を使って光合成をします。一方でサンゴは、その光合成のときに吐き出された酸素とそのエネルギーをもらいます。

造礁サンゴの石灰質の骨格や貝の殻などが積み重なり海面近くまで達すると、サンゴ礁となります。サンゴと共生している褐虫藻は光合成を行うので光を必要とします。そのため、サンゴ礁は陸地がある場所で成長を始め、海面近くで発達していきます。火山島など、最初に島がないとサンゴ礁はつくられません。

沖縄県には広く石灰岩が分布していますが、これは、かつてのサンゴ礁や貝の殻などでできた岩石です。海面の高さでつくられたサンゴ礁が、その後隆起して、沖縄本島の土地をつくりました。

世界のサンゴ礁を見ると、島の周りにサンゴ礁が分布する裾礁、島の陸地と礁原との間に礁湖が広がっている堡礁、真ん中の島がなくなっていてサンゴ礁だけが広がっている環礁といった形態があります。これらの違いは、島の沈降や海水準変動によって起こると考えられています。

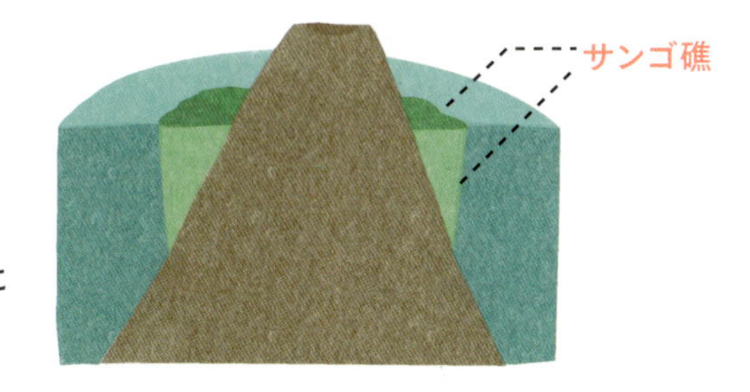

②裾礁
島の周りの浅い海に
サンゴ礁ができる

③堡礁
島と礁原との間に
礁湖が広がる

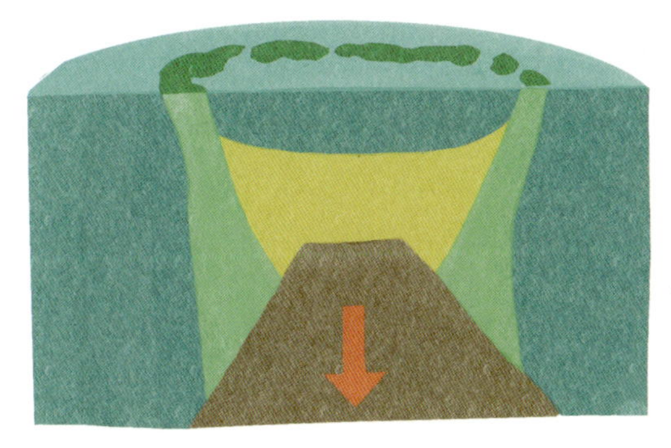

④環礁
さらに島が沈降し島がなくなると
サンゴ礁だけが広がる

日本の平野と世界の平野

日本列島のような変動の激しい地域では、山の隆起速度は速く、火山活動も活発です。こうした場所は変動帯と呼ばれます。隆起山地や火山で生産された土砂が川の下流に堆積し、平野をつくっていきます。これに対して大陸では、日本列島とは対照的な、安定した地域があります。そうした大陸にある平野は、日本のそれとは異なり、長期的に岩盤が侵食されて平らになった場所です。

高緯度の地域では、氷河に侵食されて平らになった場所が多くあります。例えば、アメリカの五大湖周辺の土地は、今から２万年前の最終氷期には、北のほうから広がってきた巨大な氷床に覆われました。表面の土壌や岩盤は氷河によって削り取られ、凹みの一部は五大湖になっています。ニューヨークのマンハッタン島は高層ビル群で有名ですが、高層ビルが立ち並ぶのは、地表近くに岩盤があるためです。

北ヨーロッパでは、長期的な侵食によってつくられた地形が見られます。フランスのパリでは、地層がわずかに傾いていて、それが非対称の丘陵の地形をつくり出しています。地層に沿った斜面はゆるやかな傾斜になり、その反対側は急な斜面になります。こうした地形はケスタと呼ばれます。

アメリカ合衆国の西南部にあるモニュメントバレーは、水平な地層のところで長期的に侵食が進んだ結果、つくり出された景観です。ここにあるメサやビュートといった地形が高まりをつくり、そのほかの部分は、ほぼ平らな土地となっています。

変動が激しい地域の平野
火山活動
隆起
たくさんの土砂の堆積

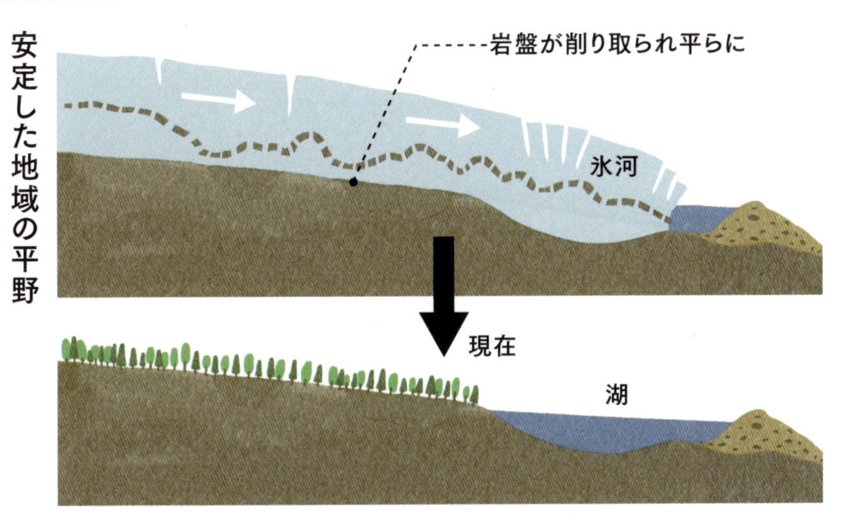
安定した地域の平野
岩盤が削り取られ平らに
氷河
現在
湖

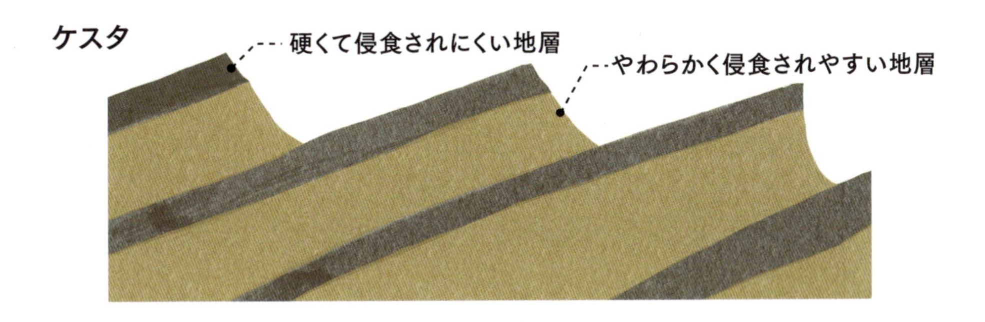
ケスタ
硬くて侵食されにくい地層
やわらかく侵食されやすい地層

海底の地形

地球表面の約７割が海底です。そのため海底の地形は、地球における地形を考えるうえで重要な要素です。深さで区分すると、大陸の周りには水深100～200 m程度の浅い海が広がります。この部分は大陸棚と呼ばれます。その外側は大洋底で、深海と呼ばれる水深6000 mまでの海になります。大洋の大半はこの深海です。そこより深いところは海溝（かいこう）と呼ばれます。世界で最も深い場所はチャレンジャー海淵で、水深約１万920 mです。

海底の地形の実態が明らかになるのは、第二次世界大戦以降です。第二次世界大戦で潜水艦が使われるようになり、海底の地形が調査されました。そうして調査技術の開発が進み、データも集積されました。戦後になってその情報をもとに、海底地形の地図が描かれました。その特徴の１つは、世界のいくつかの場所に長大な海底火山の列である海嶺（かいれい）があることです。例えば、大西洋中央海嶺は、北極海から南極付近までという長さを持ちます。もう１つの特徴は、日本列島の東側と南側の沖にあるような、列状の大きな凹みで

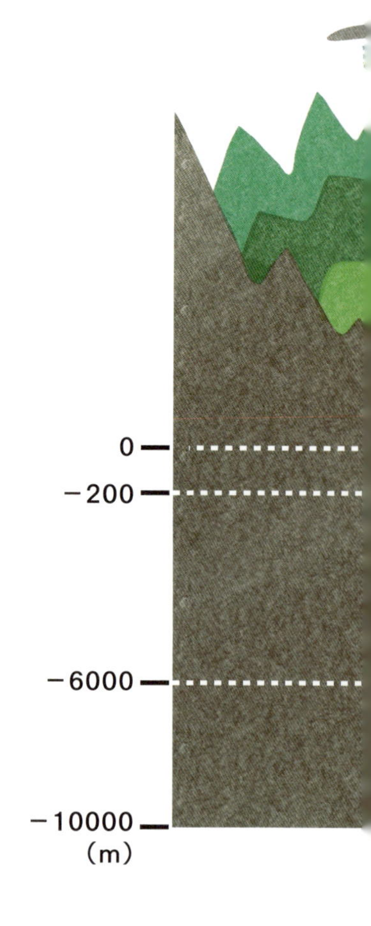

ある海溝が、各地に存在していることです。また海底の多くの場所で、断層によって水平方向のずれが生じていることもわかりました。こうした地形の配列は、海嶺で新たに海底がつくり出され、それが移動し、最後は海溝に沈み込んでいくという、プレートテクトニクスの考えを確立させるうえで重要な証拠となりました。

海底では、海底火山の爆発や長期的な水平移動とともに、水中で土石流（どせきりゅう）や地すべりが起こり、地形が変化しています。

カルスト

石灰岩は、炭酸カルシウム（$CaCO_3$）からできていて、広くセメントの原料として使われています。日本では石灰岩（石灰石）の自給率はほぼ100%です。

石灰岩の起源は、サンゴ礁や貝殻などです。あたたかい海でつくられるサンゴ礁は、プレートの動きによって数千万年、数億年という長い時間をかけて、日本列島のところまで移動してきました。それが地層になっているのが石灰岩です。

この石灰岩は、炭酸ガスが含まれた水によって溶かされていきます。石灰岩にもともとある割れ目（節理(せつり)）に沿って、雨水が地下に浸透していくと、その雨水によって石灰岩が溶けていきます。

石灰岩が溶けてできた窪地や洞窟、また、その溶けたものが再結晶してつくる地形などを総称して、カルスト地形といいます。石灰岩が広がる場所では、所々に大きな穴が空いています。これは、石灰岩が溶けたためにつくられた穴です。小さいものはドリーネ、ドリーネが結合して大きくなったものはウバーレ、ウバーレよりさらに大きいもの（面積数km^2～数百km^2）は、ポリエと呼ばれます。

地下水が流れている場所では、石灰岩が徐々に溶けて洞窟がつくられます。それが鍾乳洞(しょうにゅうどう)です。この鍾乳洞内では、炭酸カルシウムが溶け込んだ水が、割れ目からしみ出してきます。それにより炭酸カルシウムが再結晶化して、鍾乳石(しょうにゅうせき)や石筍(せきじゅん)をつくります。

このカルストという名前は、スロベニアからイタリアにかけてのクラス地方が由来になっています。クラスとは岩石という意味だそうです。そこには石灰岩が分布し、上に述べた特徴的な地形が広がっています。

ポリエ
ドリーネ
ウバーレ
鍾乳石
鍾乳洞
石筍

きほんミニコラム

隕石衝突が引き起こす事件

小さな隕石であれば、地形を大きく変えるということはありませんが、巨大な隕石であれば、地形を大きく変化させます。現在発見されている、世界最大の隕石衝突痕は、南アフリカ共和国のフレデフォート・ドームです。衝突痕の中央に隆起したドームがあり、そのドームの直径は約50km あります。クレーターの直径は 140 ～ 300km に及びます。今から約 20 億年前に、直径 10 ～ 12km の隕石が衝突したと考えられています。

隕石の衝突は、クレーターの地形をつくり出すだけでなく、地球上の生物相までも変えてしまいました。メキシコのユカタン半島にあるチクシュルーブ・クレーターは、6550 万年前に直径 10 ～ 15km の隕石が衝突してできたと考えられています。このときに直径 180km のクレーターがつくられました。この衝突により、巨大地震が発生、地殻津波（ちかくつなみ）といわれる巨大津波が発生しました。さらに大気中に舞い上がったススにより、太陽光が遮断されるということが起こりました。この隕石衝突が原因で起こった環境の変化により、白亜紀末に恐竜をはじめ、地球上の生物の 80% が消滅したと考えられています。恐竜にとっては不幸な隕石衝突でしたが、その後、地球上には、私たちの祖先である哺乳類が繁栄します。この隕石衝突がなければ、ホモ・サピエンスも誕生していなかったでしょう。

Chapter 4

地質と地形

花崗岩地域の地形

花崗岩(かこうがん)は、白地に黒や灰色の粒が入っている岩石で、とても硬く、ビルの外壁や墓石などに使われています。この花崗岩は、独特の風化の進み方をするため、花崗岩が分布している地域では、独特の地形が出現します。

花崗岩は、直交する2つの鉛直方向の面と、水平方向の面の計3面の割れ目（節理(せつり)）が発達しやすいという性質を持っています。花崗岩が地下にあるときには、この3面の節理に沿って水がしみ込んでいきます。その水がしみ込んだ部分で風化が進み、そこが徐々にもろくなっていきます。

花崗岩は硬い岩石なのですが、風化すると鉱物粒子がバラバラになり、砂状になります。砂状になったものはマサ（真砂）と呼ばれます。割れ目に沿った部分が風化していく中で、3面の割れ目が交わっている場所では、風化がよく進んでいきます。その結果、球状の塊がつくられていきます。

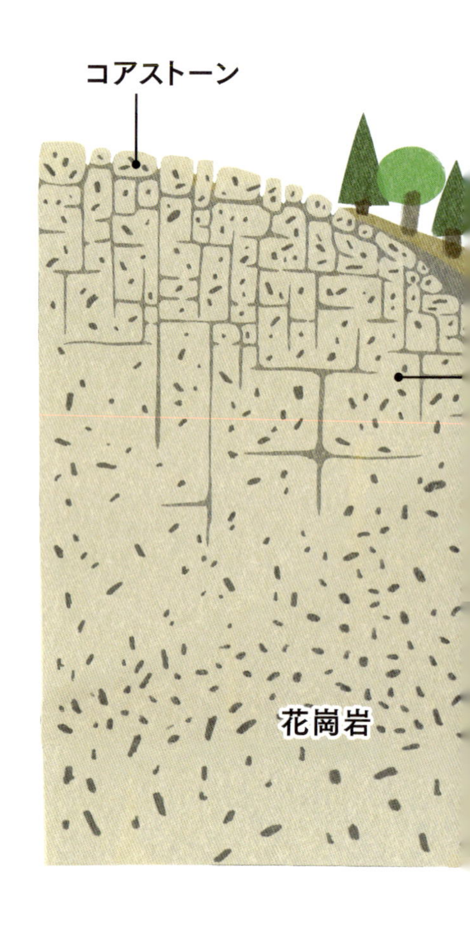

風化の進んだ花崗岩の岩盤が、地表に露出すると、マサの部分は雨水によって流されてしまい、真ん中の丸い塊だけが残ります。この残された塊をコアストーンと呼びます。

風化した花崗岩は、たくさんの砂と、大きな岩の塊という組み合わせをつくり出すので、大雨のときに、それらは土石流（どせきりゅう）となって流れ出すことがしばしばあります。中国地方など花崗岩が広く分布している地域では、梅雨や台風のときにこのマサとコアストーンが流れ出して、土石流災害を発生させます。

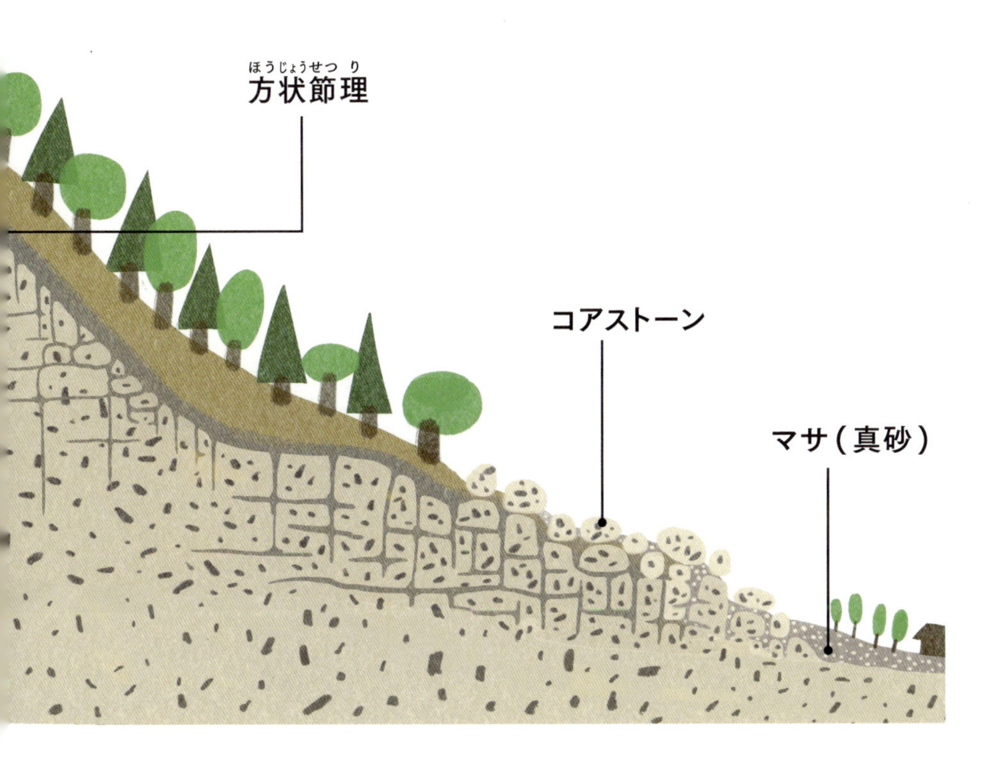

花崗岩とホルンフェルスがつくる対照的な地形

花崗岩（かこうがん）は、マグマが地下深くでゆっくりと冷えて固まってできる岩石です。地下ではその温度は700℃にもなります。そのマグマがたまっている場所であるマグマだまりは、地下数km ～ 10kmの深さにあります。そこには、より深いところからマグマが上がってきています。そのマグマが上がってくる前には、もともと何かしらの地層がありました。もともとある地層を押しのけてマグマだまりがつくられています。その地下から上がってきたマグマが持っていた熱は、そこに存在する地層を熱します。そして、熱せられることで地層の性質が変わります。性質の変わった岩石のことを変成岩（へんせいがん）といいます。そして、このように熱いマグマに別の岩石が接触して岩石の性質が変わることを接触変成作用、あるいは熱変成作用といいます。

砂岩や泥岩は、もともとはそれほど硬い岩石ではありませんが、マグマが上がってきて熱せられると、硬いホルンフェルスになります。このホルンフェルスとは、ドイツ語で角（Horn）の岩石という意味です。

ホルンフェルスは、砂岩や泥岩をつくる鉱物の組織が変化しているため硬く侵食されにくくなっています。一方で花崗岩は、風化が進むとマサになり、段々と崩れていき、そこは低くなだらかな地形になります。その結果、花崗岩が分布するところは、比較的なだらかな山で、ホルンフェルスが分布するところは、急斜面からなる険しい山という対照的な地形が現れます。例えば京都にある比叡山（ひえいざん）と大文字山（だいもんじやま）の山頂は、どちらもホルンフェルスが分布しています。そしてその間には花崗岩が分布しています。花崗岩によって、硬くなった岩石が山頂をつくり、花崗岩の部分は侵食されてしまっているのです。

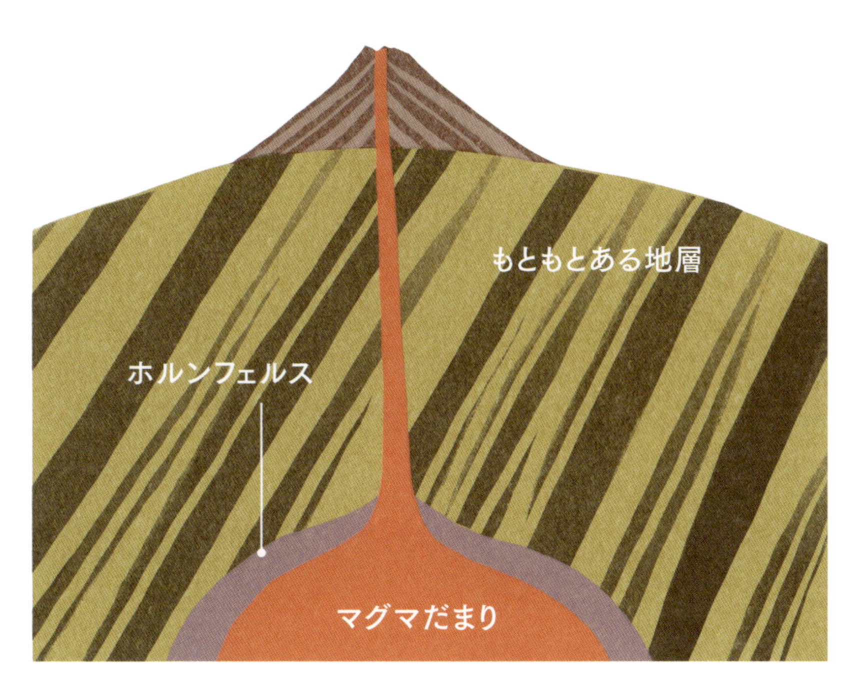
もともとある地層
ホルンフェルス
マグマだまり

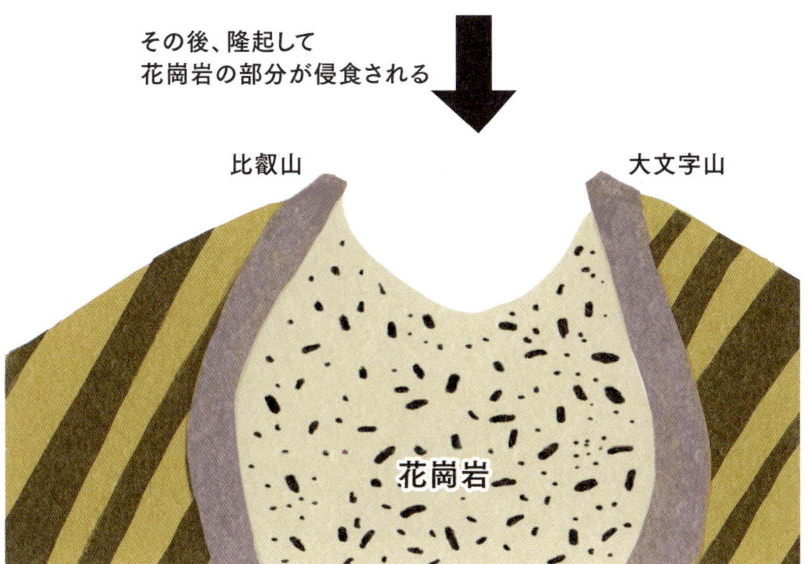
その後、隆起して
花崗岩の部分が侵食される
比叡山
大文字山
花崗岩

層状の地層が分布する場所でつくられる地形

日本列島の山の形は、川の侵食、氷河・周氷河作用、そして崩壊や地すべりといった現象によって形づくられていきます。これらの働きの中で、崩壊や地すべりといった重力によって引き起こされる現象は、岩盤の中にある隙間や割れ目など、岩盤が動きやすいところですべったり、岩盤が破壊されたりして発生します。特に、堆積岩のような層状の構造

を持つ岩盤では、その地層の向きに影響されて、崩壊や地すべりが発生します。

地層の向きが地形に影響を与えていることは、地層の向きによって斜面の形に違いが見られることからもわかります。斜面の傾斜と地層の傾斜が平行か、あるいはあまり差がない場合は流れ盤斜面、あるいは順層斜面といわれます。この場合、その地層の面に沿って、岩盤が崩れたり、すべったりします。

それに対して、斜面の傾斜と地層の傾斜とが反対になっている場合には、受け盤斜面、あるいは逆層斜面といわれ、岩盤が徐々に割れて、全体が大きく変形するという現象が見られます。

流れ盤の斜面では、地層に沿って、地すべりや崩壊が発生するため、そこの斜面は地層の傾きとほぼ同じ傾きになります。それに対して受け盤の斜面では、地すべりの原因となるような連続的な地層の面がないため、岩盤は細かく割れて崩れていきます。崩れた結果、地層の面に対して直交するような斜面ができます。

水平な地層が分布しているところでは、その地層に対して直交する斜面がしばしば出現します。そのため、鉛直の壁となっているところが多くあります。

粘り気のある溶岩がつくる地形

火山は、溶岩など地下からさまざまなものが噴き出してきます。溶岩とは、岩石が溶けて液体の状態になっているものです。その溶岩は、含まれる元素の種類の違いによって粘り気が異なります。粘り気のある溶岩の場合、あまり流れていかずに、その場でドーム状の高まりをつくります。そうしてできた地形は溶岩円頂丘（ようがんえんちょうきゅう）、あるいは溶岩ドームと呼ばれます。日本では、1943（昭和18）年に活動した昭和新山（しょうわしんざん）や、1991（平成3）年に活動した雲仙普賢岳（うんぜんふげんだけ）の平成新山（へいせいしんざん）がこれに当たります。

昭和新山は、1943年12月から1945年9月という太平洋戦争末期に活動したため、その活動の事実は、社会の不安を煽るという理由で公表されませんでした。地元に住む郵便局長であった三松正夫（みまつまさお）は、1910年に帝国大学教授の大森房吉（おおもりふさきち）が有珠山（うすざん）噴火を観測する際に手伝いをしていた経験から、この火山活動の記録を残すことに多くの時間と労力を割きました。三松正夫は、昭和新山が見える場所に、水平に糸を張り、目線を一定とするための顎を乗せる台をつくり、連続的に火山の形が変わることを記録していきました。このような火山地形の成長の詳細な記録は画期的なもので、世界的に評価されるものとなりました。作成者の三松の名前をとって、ミマツダイヤグラムと呼ばれています。

さらに三松正夫は、地球の活動の貴重な記録である昭和新山を乱開発から守るため、またそこを農地としていた農民の生活を救うため、私財を投じて山の土地を購入しています。地形を保護するためにその土地を購入するという行動は、現代のナショナルトラスト運動に通ずるものです。こうした三松正夫の活動は、山麓にある三松正夫記念館で学ぶことができます。

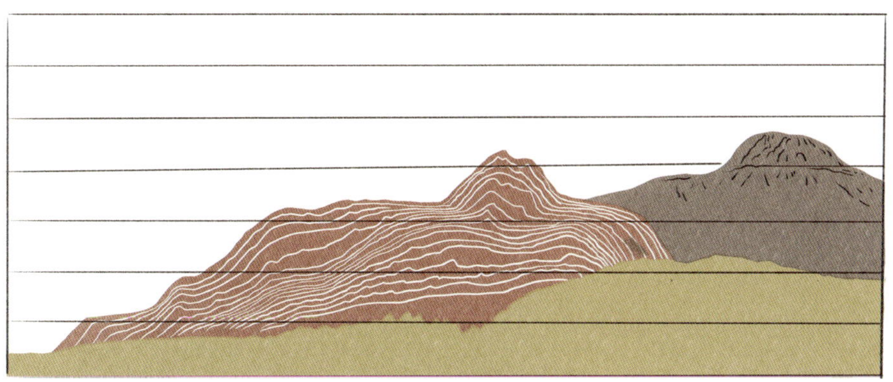

ミマツダイヤグラム「昭和新山隆起図（昭和18年12月～昭和20年9月）」

44

流れやすい溶岩がつくる地形

粘性が低く、流れやすい溶岩は、流れながら固まることで、特徴的な地形をつくり出します。ハワイなどの火山の島では、粘性の低い溶岩が広がって流れるため、あたり一面、固まった溶岩の土地になります。ハワイのキラウエア火山では、溶岩のすぐ近くまで人が訪れることができます。その表面はなだらかで、縄のような模様ができています。これはパホイホイ溶岩と呼ばれます。こうした溶岩が何層にも積み重なって、低くなだらかな火山をつくっていきます。

溶岩が流れていくときは、表面から冷えて固まります。内部の溶岩はまだ流動しているので、外側の固まったところだけが残り、トンネル状になります。そうしてできたものを溶岩トンネルといいます。

海底で溶岩が噴き出すと、周囲が水で低温なので、すぐに表面が固まっていきます。その地下から次々と溶岩が噴き出してくるため、固まった部分の一部が破れて、溶岩があふれ出してきます。それもまたすぐに固まります。こうしてできた岩石は枕状溶岩（まくらじょうようがん）と呼ばれます。

溶岩トンネル
枕状溶岩

きほんミニコラム

地形と歴史

　地形は歴史にも影響を与えています。パリ盆地は、ケスタのゆるやかな斜面上にあり、外部からは急な斜面を越えないと入って来られない構造になっていて、外部からの攻撃を防ぐことができました。ケスタの急崖が天然の城壁になっていたといえます。

　日本の仙台城は、自然の地形をうまく利用してつくられています。仙台城は、広瀬川の右岸側の丘陵地にあります。この広瀬川の谷は、火砕流の堆積物を削り込んでいて、川の両側は、ほぼ垂直な比高 10 m程度の崖になっています。この広瀬川の谷と、その支流で広瀬川に流れ込む竜の口渓谷が、仙台城防御のための堀となっていました。

　鎌倉幕府のあった鎌倉の街も、地形をうまく利用しています。街は、三浦丘陵を刻む谷底低地につくられています。南側が相模湾で、北、東、西側が丘陵地です。開けている海側には、和賀江嶋という港が開かれていました。ここは、現存する日本最古の築港遺跡です。三方の丘陵地には、細い道が人工的に掘られていて、外と行き来できるようにしてありました。この道が堀割と呼ばれるものです。この付近の地層がやわらかいため、鎌倉時代の土木技術でも掘削が可能でした。外からたくさんの兵が一気に攻め入ってこないよう、細い道にしていたようです。鎌倉の街も地形を利用して外部からの攻撃を防いでいました。各地の城の立地や旧街道の位置などから、昔の人が地形をうまく利用していたことが読みとれます。

Chapter 5

地形と生活

山の恵みと禍い

日本列島では、国土面積の25%の平野に人口が集中しています。この平野をつくり出したのは、残りの75%の山地です。山地があるからこそ、私たちは平野で生活することができます。

日本列島で平野となっている場所は、長期的に土地が沈降しているところです。沈降しているところに川や海の働きで土砂が堆積して、平らな土地がつくられました。また、山地に降った雨が山地の土壌や森林に蓄えられ、徐々に湧き出してきて、川となり、私たちの生活用水や各産業に使われる水になります。

山は、さまざまな動植物の暮らしの場でもあります。樹木は木材や燃料になります。動物は食料になるなど、私たちが暮らしていくうえで必要なものを供給してくれます。また山は、絵画に描かれるなど多くの芸術作品のモチーフにもなります。登山やスキーなどのレクリエーションの場としても利用されています。このように山は、人間に対して多くの恩恵を与えてくれる場です。こうした恩恵は生態系サービスといわれ、その価値を評価し、適切に保全しようと考えられるようになりました。

こうした恩恵がある一方で、山はしばしば崩れ、災害を引き起こします。山は恵みとともに、禍いも与える場所といえます。日本では近代以降、砂防、治山事業がさまざまな場所で実施されてきました。大型の機械を使い、大規模な工事が行われるようになると、山がそれまで与えてくれていた恩恵までも損なうことになってしまいました。

適切に管理していない植林地では、森林の保水能力が低下します。また、過剰な砂防や治山工事は、美しい山の景観を破壊します。私たちは山という場所がどのような場所なのか、正しく理解したうえで、適切に管理していくことが求められています。

雨
湧水
人間の暮らし
山崩れ
動物の暮らし
レクリエーション
治山事業
植物の暮らし

地形と稲作

イネは、湿地で育つ植物であるため、稲作は平野の中でも低地で行われてきました。低地は川の高さとほぼ一緒であり、川が氾濫したときに堆積した泥があるため、水田がつくりやすい場所です。しかし近代以前には、必ずしも大河川の下流部は水田地帯になっていませんでした。

かつては、堤防が十分につくられておらず、大きな河川はしばしば氾濫し、河道（かどう）を移動させていました。そのため、下流部はたびたび水害にあっていました。その下流部の土地は、シルトや粘土といった細かい粒子からなる地層で、常時水浸しの湿地帯であり、農作業がたいへん困難な場所でした。こうした理由により、大河川の下流部は、広い平野があっても農業がしにくい場所だったのです。古代から中世にかけては、水を得ることができ、同時に水害を得にくい場所で稲作が行われていました。例えば、盆地や台地、丘陵地を刻む狭い低地にある谷津田（やつだ）、谷地田（やちだ）と呼ばれる場所です。

近代以降、人間は大規模河川の中下流部において、河道を工事し、湿地を水田に変えていきました。そうした歴史の積み重ねで、いずれの平野も水田地帯になっていきました。

日本列島の中でも特に広い水田地域を有する新潟平野は、長期的に沈降が進んでいる地域です。そして、そこに信濃川（しなの）、阿賀野川（あがの）といった大きな河川が大量の土砂を運び、堆積させています。全体的に沈降しているため、そこには台地が形成されず、広大な低地が形成されます。そして人間による用水路、排水路の設置が行われ、水田になっています。

扇状地の稲作

一般に、扇状地には石ころが多く、水はけがよいため、畑や果樹園に利用されています。しかし、日本各地の大きな扇状地に注目すると、必ずしも果樹園ばかりではなく、水田として利用されている場所もあります。

隆起が激しい山地の周辺に位置する富山、石川、静岡といった県では、山から流れ出た土砂が山麓に扇状地をつくり、それが海岸線にまで広がっています。このような扇状地は臨海扇状地（りんかいせんじょうち）と呼ばれています。これらの地域の扇状地には水田が多く分布しています。

富山県のような日本海側の多雪地域では、現在のような稲作が行えるようになるまでには、多くの困難がありました。日本海側の臨海扇状地は、低地に分布している水田に比べると、いくつか不利な条件があります。そこをつくる地層は石や砂からできているので、保水性は高くありません。また、山から流れてきた冷たい水が水田に流れ込みます。特に、雪融（ゆきど）け水が川に流れ込む春の時期には水温が上がらず、イネが育ちません。こうした問題を克服するため、流水客土（りゅうすいきゃくど）と呼ばれる事業が行われました。

流水客土とは、水田に水を引き込む水路に、山の泥を流し込んでいく事業です。泥を水田の底に堆積させ、石ころからできている田んぼの地盤の隙間を埋めていきます。もともと勾配が急な扇状地なので、泥は水路の途中で堆積することなく、水田の底に堆積します。富山県の黒部川では 1951（昭和 26）年にこの事業が開始されました。この流水客土によって、田んぼに水をためておくことができるようになり、水温が上がり、土壌の改良にもなり、収量が増えました。

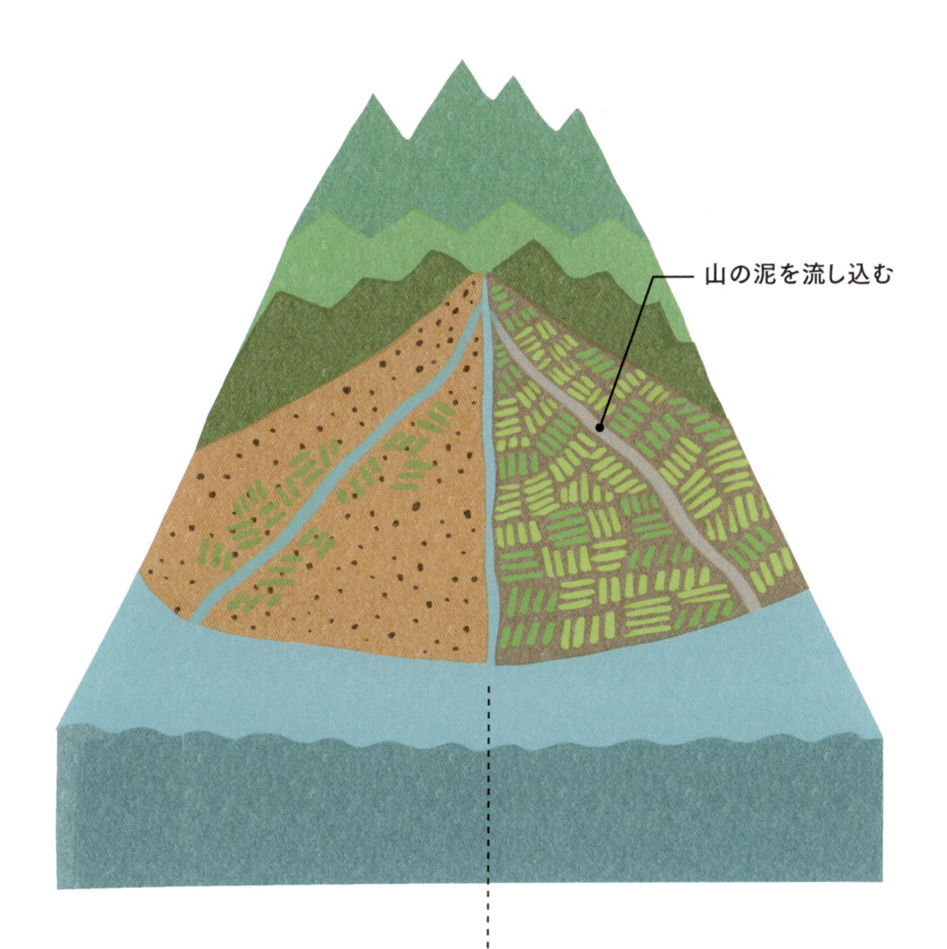

扇状地は保水力が弱い

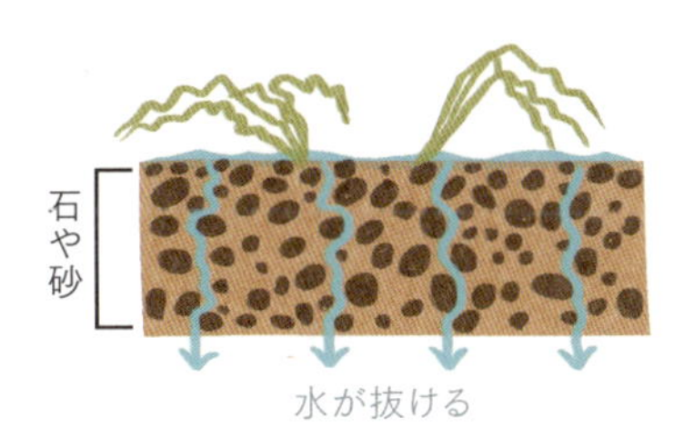

流水客土を行った扇状地

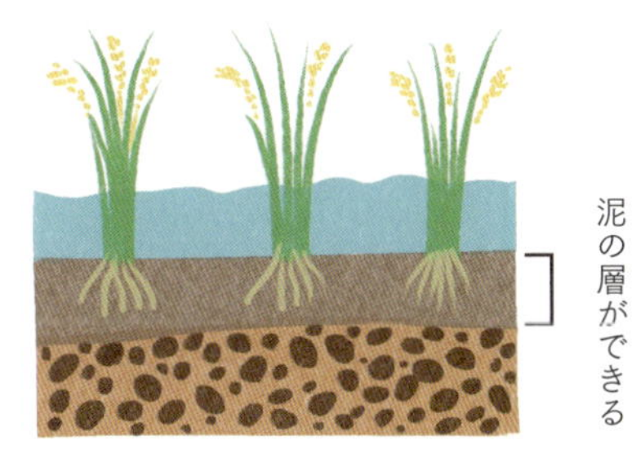

48

海岸からの飛砂と砂丘の農業

砂浜海岸には、一面に砂が露出しています。そこでは、昼間は海から陸に向かって風が吹くため、かつてはその風で砂が飛ばされ、海岸近くの畑は砂に埋もれ、家には砂が入り込んでいました。そうした飛砂(ひさ)を減らすため、各地で海岸部にマツを植え、防風林を育ててきました。東京周辺では、明治時代以降、川の砂利採取やダムの建設により川や砂浜の砂が減少し、飛砂は減少していきました。

海岸からの飛砂が減ると、今度は砂丘の草原化が進みます。日本の砂丘に植物が少ないのは砂が移動しているためで、砂が飛んで来なくなると、植物が茂ってしまうのです。

日本で有名な砂丘の1つである鳥取砂丘は、現在この問題に直面しています。鳥取砂丘は観光地であり、一面草原化してしまうと、観光資源としての価値が下がってしまいます。1970年代以降は、保安林を伐採し、ボランティアや観光客による除草も行われるようになり、かつての鳥取砂丘の姿を復元しようという活動が行われています。

この鳥取砂丘で観光地となっている場所は砂丘の一部の場所で、それ以外は農地として利用されています。ラッキョウやダイコンなどの根菜の栽培も行われています。これは、土層が固く締まっていると地下部が大きく生

長できませんが、砂地であればその固結の度合いが弱いため、十分に生長することができるためです。さらに収穫したものから泥を落とす必要がなく、洗浄の手間も省けます。根の呼吸も促進されやすく、湿気を嫌う作物にとっては、かえってよい環境です。また、雑草などが育ちにくいので、除草の手間も省けます。

このほか、春先に地面が温まりやすいという特性を利用して、春先の野菜の栽培などが行われている地域もあります。全体的に作物の栽培には手間がかかる場所ですが、それを克服して砂丘の特性を活かすような農業が各地で行われています。

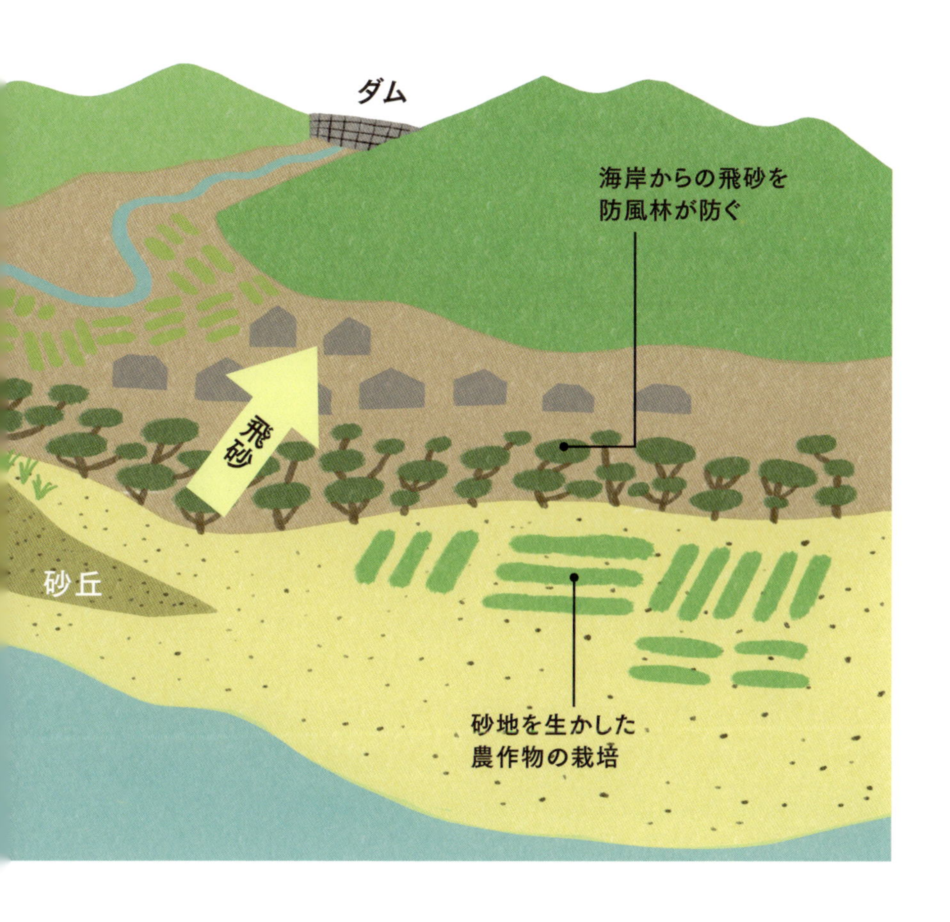

低地の自然災害

平野は低い土地であるため、海に接し、川や湖など、水域が多く存在します。これらの水域は、地形を変化させる働きを持っています。そして日本列島の平野には、やわらかい地層が分布しています。そうしたことが原因となって、さまざまな自然災害が起こっています。

低地は、河川の氾濫の被害を受けます。その氾濫には２種類があります。１つは、川の水位が上がり、堤防を越えて水があふれ出る外水氾濫（がいすいはんらん）です。もう１つは、堤防の外に水を排出することができずに氾濫となる内水氾濫（ないすいはんらん）です。堤防に囲まれた低地では、川の水位が上がったときに、堤防の内側に川の水が流れ込んで来ないように、川への排水路を閉じてしまいます。すると、雨水を川に排出することができなくなり、氾濫が起こってしまうのです。

日本各地で河川改修は進んでいるのですが、河川の氾濫は各地で発生しています。その原因の１つは、川の氾濫が起こりやすい低地に多くの人が暮らすようになったためです。かつて、低地には農地が広がっていました。人は低地の中でもわずかに高い自然堤防の上か、あるいは台地の上に暮らしていました。それが都市化が進み、低地の農地が住宅地に変わり、低地にも多くの人が暮らすようになったのです。

低地は、海岸近くでは標高０ｍになります。そうした場所の地層は締まっていないため、長期的には土地は徐々に沈下していきます。自然状態であれば、低くなった場所には川が運んだ土砂が堆積していくのですが、現代では堤防があるため、そうなりません。さらに、都市部の低地では、地下水の汲み上げによって地盤沈下が発生しました。地盤沈下の発生により、低地はさらに河川の氾濫が起こりやすくなっています。

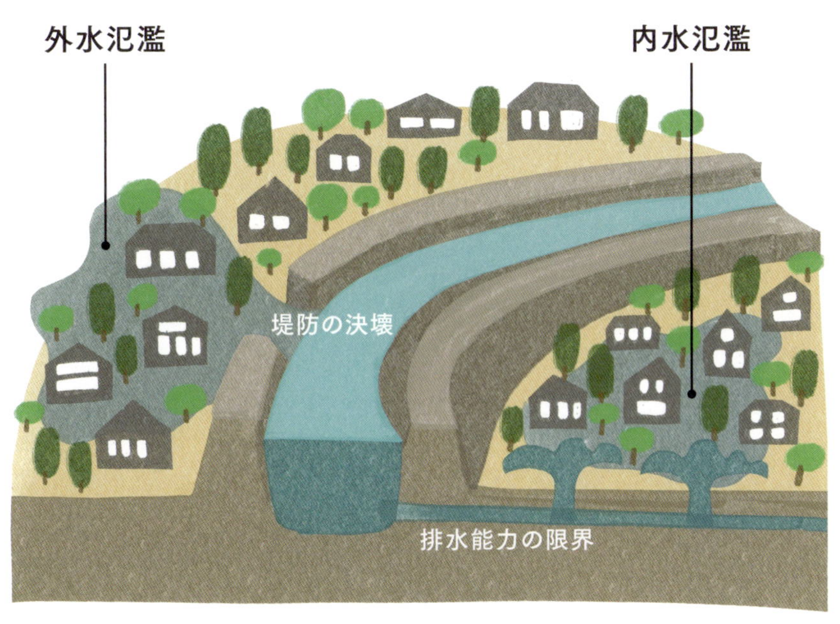
外水氾濫
内水氾濫
堤防の決壊
排水能力の限界

地盤沈下
地下水の過剰な汲み上げ

台地・丘陵地の自然災害

日本各地で都市化が進むことによって、台地や丘陵地で自然災害が発生するようになりました。台地の縁にある段丘崖(だんきゅうがい)は、かつては樹林に覆われていて積極的に利用される場所ではありませんでした。しかし、開発が進み、段丘崖の近くまで住宅地として使われるようになりました。そうした状況があるため、国は土砂災害警戒区域の指定などを行うようになりました。崖の近くに住宅がある場合、国は法律により、崖の掘削などを制限しています。しかし、すべての斜面の安全性が保証されているわけではありません。警戒区域の指定がされる前から崖近くに建っている家は現在もあります。こうした場所で、しばしば斜面崩壊が起こって被害が発生しています。

丘陵地では、都市化にともなって大規模な住宅地開発が進んできました。丘陵をつくる地層は、比較的やわらかい地層です。そのため、重機を使って、住宅が建てられる階段状の地形に改変されていきました。尾根を削って平らにし、そこから出た土砂で、すぐ近くの谷を埋めるという工事をしていきました。

こうした丘陵地の開発の方式は、経済的には効率的でしたが、大きな問題がありました。谷を埋めた場所の地盤が弱く、地震の際に動いてしまうという問題です。1978 年の宮城県沖地震、1995 年の兵庫県南部地震（阪神・淡路大震災)、2011 年の東北地方太平洋沖地震（東日本大震災）などで、谷埋め盛土(もりど)が多くの場所で移動するという被害が発生しています。

谷を埋めて平坦な場所をつくるという開発は、日本各地で行われています。今後、都市部で大きな地震が発生するときには、台地、丘陵地での土砂災害に注意が必要です。

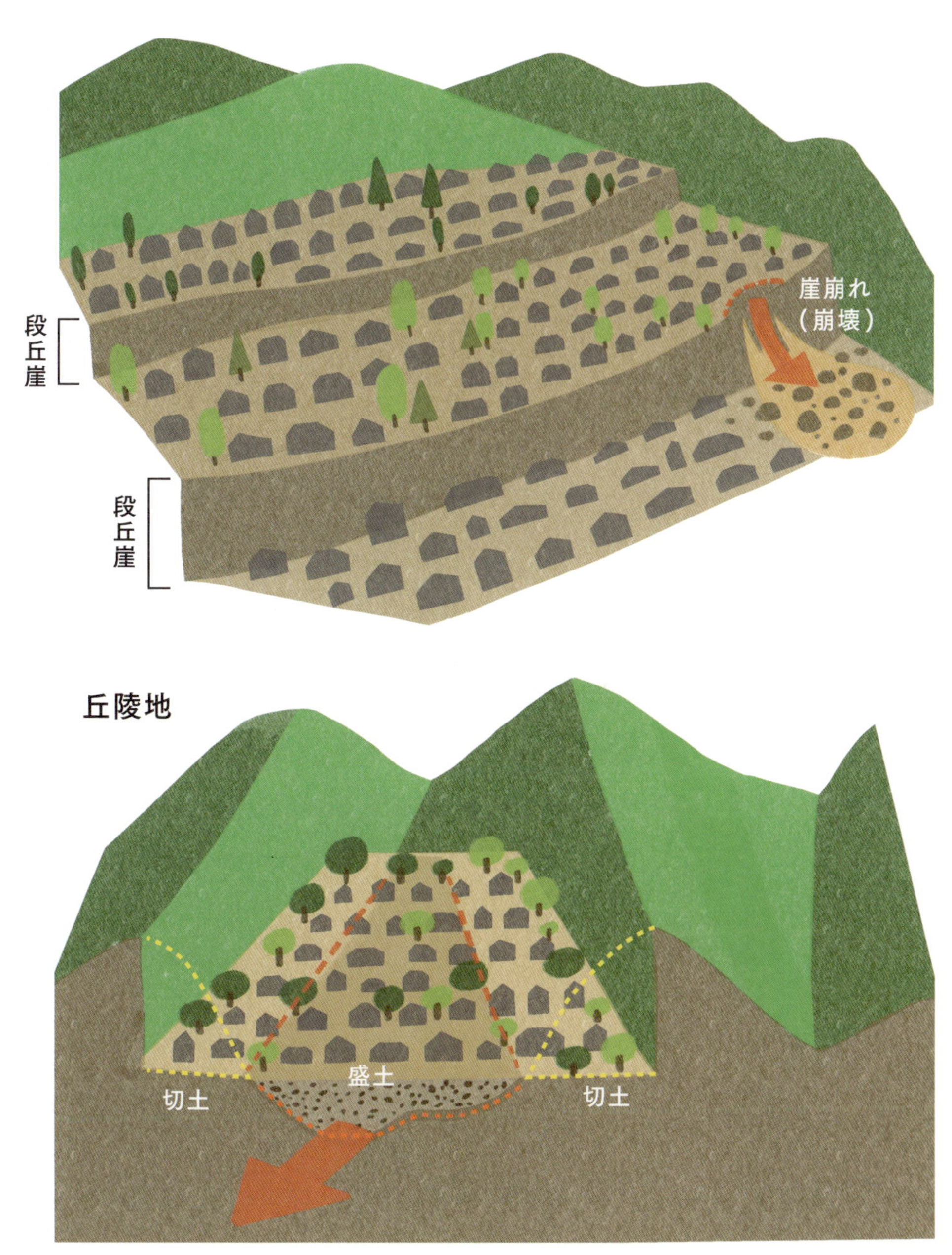
台地
段丘崖
段丘崖
崖崩れ
（崩壊）
丘陵地
盛土
切土
切土

地形と天気

地形は、雨の降り方や気温の上がり下がりなど、日々の天気にも大きな影響を与えます。特に山の存在は、降雨や気温の上昇といった現象に影響を与えます。

雨は山がある場所でよく降ります。これは、水蒸気をたくさん含んだ気流が山を越えるときに、その地形の影響で強制的に上昇させられるためです。上昇するとその空気の周りの圧力は低くなり、その代わりに水

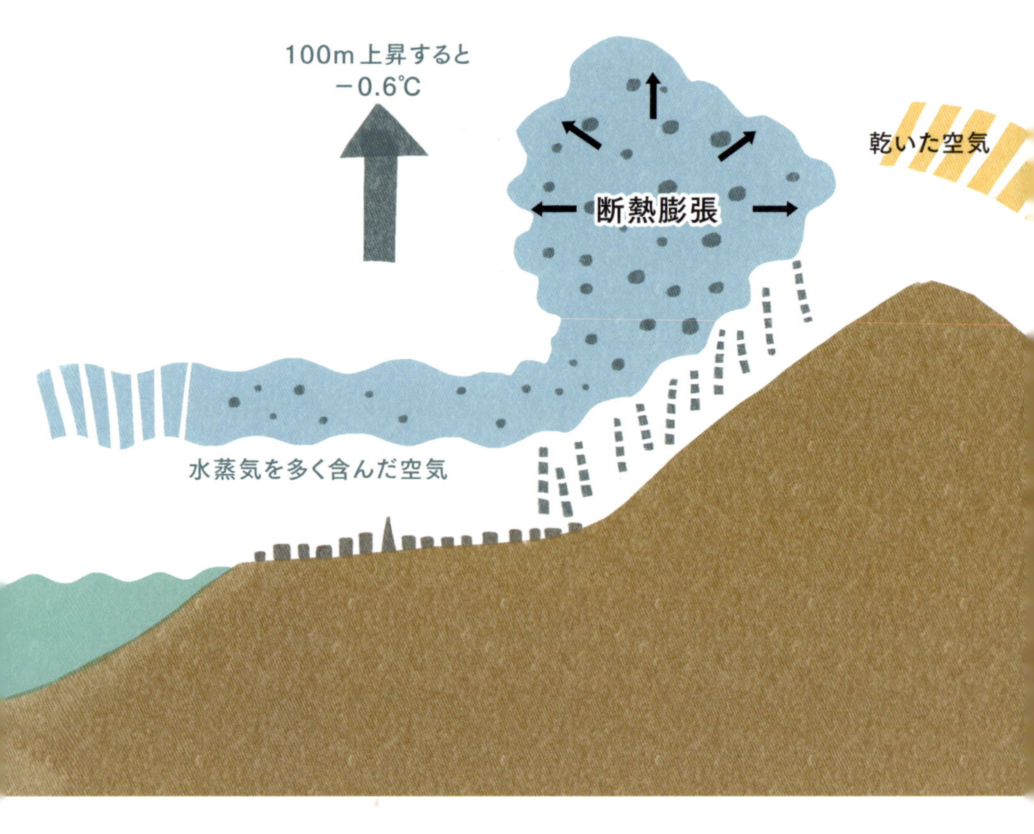

蒸気を含んだ空気の塊は膨張します。こうして膨張するとその空気の温度が下がっていきます。こうした現象を断熱膨張といいます。

空気の温度が下がると、一定の体積の中に含むことができる水蒸気の量が減っていきます。温度が下がることで水蒸気が液体の水になっていくのです。そして、大気中にあるホコリなどの小さい物質が核になり、水滴ができ始めます。そうしてできた水滴が集まったものが霧や雲になります。そしてその雲から雨が降ります。

日本海側で冬季に雪がたくさん降るのは地形の影響があってのことです。冬に大陸から吹き出す季節風は、日本海を通るときに水蒸気をたくさん含んでいきます。その空気が、東北地方では脊梁(せきりょう)山地を越えたときに上に書いたような事が起こって、日本海側に雪を降らせます。

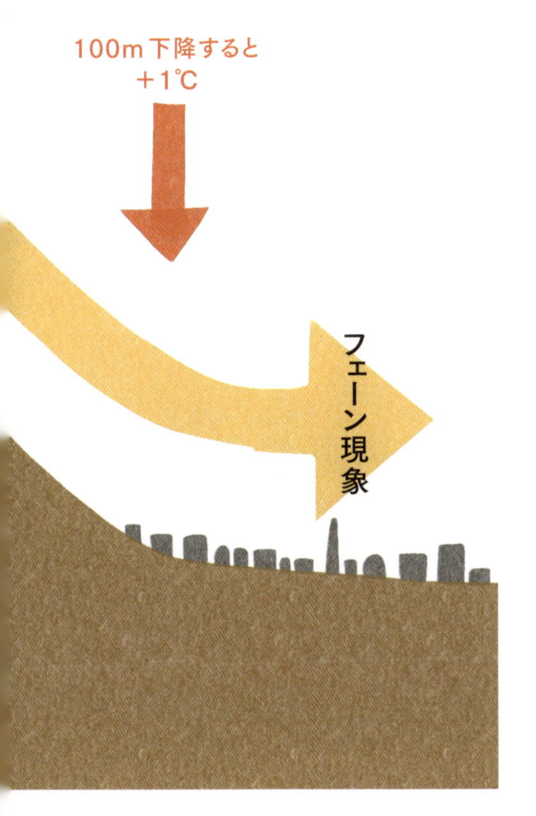

山を越えるときに風上側で雨を降らせてしまうと、山を越えたときには乾燥した空気になっています。水蒸気を含んだ空気は、100m 上昇するときに 0.6℃温度が下がります。一方で乾燥した空気は、100 m下降するときに 1℃温度が上昇します。風上側で雨を降らせた空気が山越えすると、風下側は高温になるのです。この高温になる現象をフェーン現象といいます。

2007 年まで日本の最高気温の記録は、1933 年 7 月 25 日に山形で記録された 40.8 ℃でした。これは、フェーン現象によるものです。

地形と観光

私たちの生活は自然環境に支えられています。その私たちの生活を支える自然の恵みは生態系サービスという言葉で示されています。その生態系サービスの中で、豊かで文化的な生活を送るための自然の恵みを文化的サービスといいます。文化的サービスには地形が大きく関わっています。

自分の住んでいる場所から離れて、さまざまな場所を訪れる観光は、さまざまな体験をすることができ、私たちの見聞を広めてくれます。その観光の対象になる場所の多くは、美しい景色の場所です。私たちが美しいと感じる景色は、岩山や火山や峡谷、滝、海岸などの特徴的で自然のままの地形が見られる場所です。そこに植物も組み合わさって、美しい景色がつくられます。

地形は遊ぶ場もつくり出しています。山は高く、その山頂から周囲を見渡すことができるので、登山の対象となっています。また、山の斜面はスキー場になります。スイスやオーストリアといった山岳国は、世界中からスキー客を集め、それぞれの国での主要な産業となっています。

雄大な景色で知られるアメリカ合衆国のグランドキャニオンには、その景観を見に、またボートでの川下りなどをしに、世界中から観光客が訪れます。また、各地のサンゴ礁の海では、ダイビングや海水浴などが行われていて、やはり世界中から観光客を集めています。オーストラリアのグレートバリアリーフは、世界最大のサンゴ礁（堡礁）の地域です。

これらの観光地にある自然は、一度破壊してしまうと、二度と元には戻りません。そのため最近は、各地の自然に対して敬意を持って観光をすることが重要と考えられるようになりました。

スキー
登山
高山植物
観光資源

失われていく地形

今からおよそ1万年前には、氷期が終わり、気候が温暖化していきました。すると人類は農業を開始します。このときから人類は、地形の改変を行うようになったといえるでしょう。とはいえ、人力か動物の力を使って行う地形の改変なので、それほど大規模なものではありませんでした。

大規模な地形改変が行われるようになったのは、産業革命を経て、世界各地で工業化が進むようになってからです。特に、工業資源として有用な金属、鉱物を産出する山や、岩盤を砕いて砂利をつくっている山では、採掘によりその形が大きく変わっていきました。

人口が増え、平野で人の住む場所が拡大していく中でも、地形は改変されていきました。川沿いの低地は、かつては水田に利用されていましたが、今では川ギリギリのところに人工堤防がつくられ、住宅が建設されています。川は、自然の状態では洪水のときに河道(かどう)を自由に移動させていましたが、現在ではそのような川の地形変化はできないようになっています。川による侵食、運搬、堆積で新たに地形がつくられる環境が、現在では失われているといえるでしょう。

海岸も、人間の影響で地形が大きく変化している場所です。砂浜は、川によって海に運ばれた砂が堆積してできたものです。川ではかつて大量に砂利の採取が行われ、またダムを設けて下流に砂や石ころが流れていかないようにしているため、砂浜は減り続けています。

各地にある地形が失われてしまうということは、その場所の歴史を知る手がかりを失くしてしまうことであり、また豊かな暮らしの基盤を失ってしまうことにもなります。

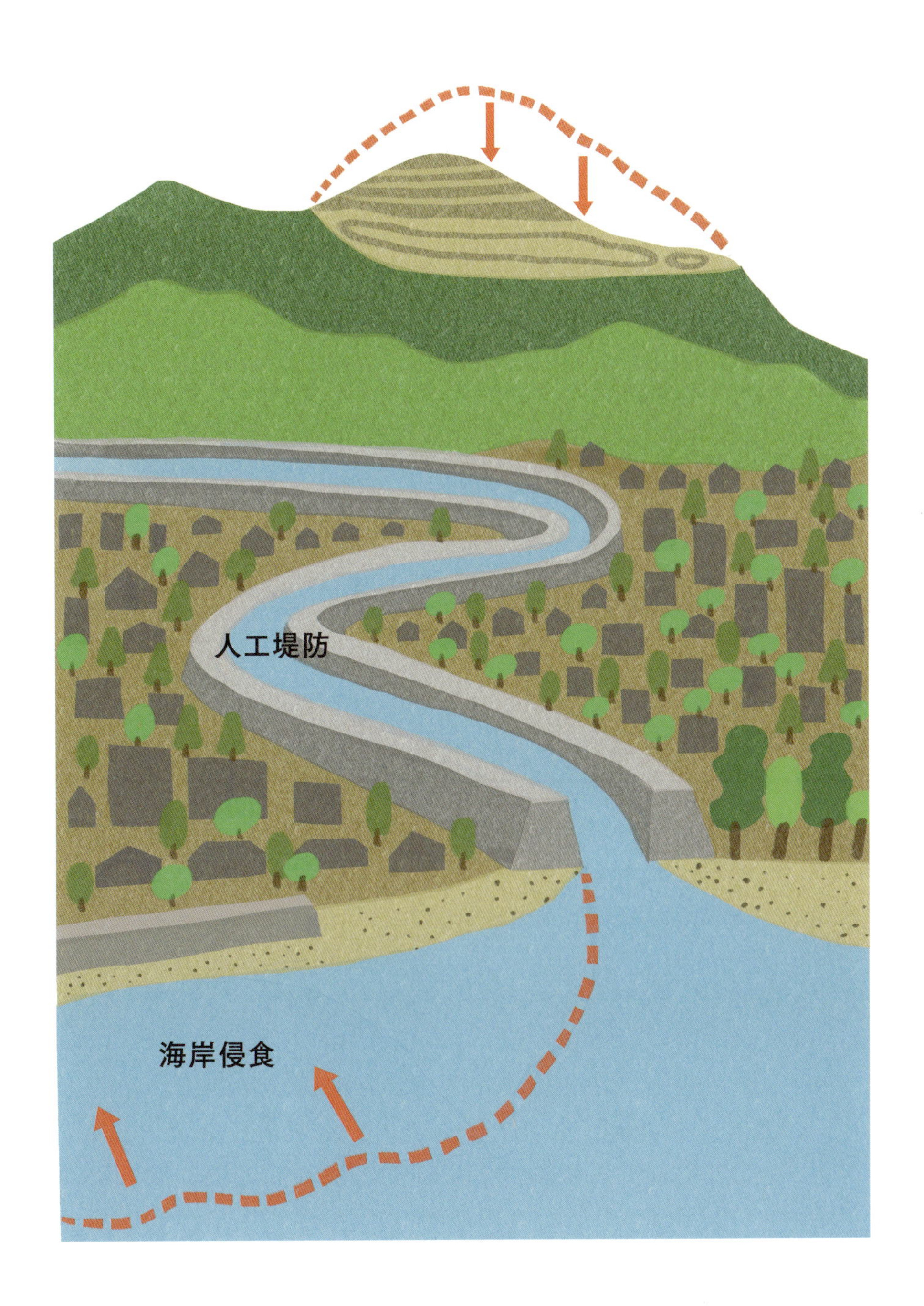
人工堤防
海岸侵食

地形を守る制度

さまざまな地形が人工的に改変され、消失してきた一方で、何らかの価値があると考えられてきた場所の地形は保護されてきました。地形保護のルーツの1つは、アメリカ合衆国の国立公園制度です。アメリカで西部開拓が進んでいた時代に、イエローストーンは「発見」されました。そこは、神からもたらされた場所と認識され、手つかずの状態で残すことにしたようです。そして1872年に、イエローストーンは世界で初めての国立公園になりました。さらに、1890年にはヨセミテが国立公園に指定されます。ヨセミテは、岩山の雄大な地形の価値が評価されたことになります。

ヨーロッパでは、ドイツで1900年ごろから自然保護を目的とした天然記念物の制度が確立していきます。また、1895年に3人のイギリス人によってナショナルトラスト運動が起こり、美しい景観の場所などを保護するために、民間団体が土地を購入していきます。

日本では、大正時代に天然記念物の制度が取り入れられ、1919（大正8）年に史蹟名勝天然紀念物保存法がつくられます。また1931（昭和6）年には国立公園法がつくられ、各地の景勝地が国立公園に指定されていきます。こうした制度の中で各地の地形が保護されていくことになります。

その後、地形保護の世界的な動きは、1970年代になって現れてきます。その代表例は世界遺産条約です。条約は1972年にユネスコ総会で採択されました。「顕著な普遍的価値（人類全体にとって特に重要な価値）」があるものが登録されます。世界遺産（自然遺産）の登録の基準の1つは、地形・地質であり、自然美、生態系、生物多様性とともにその価値が評価されています。

アメリカ

1872年　イエローストーン国立公園

1890年　ヨセミテ国立公園

1900年ごろ〜
天然記念物制度

1895年〜
ナショナル
トラスト運動

1972年　世界遺産条約「顕著な普遍的価値」

地形の保全と活用のしくみ

世界各地に地形はあり、それぞれの場所で、地域の人たちの暮らしの基盤であり、研究や教育の対象であり、観光資源になっています。こうした世界各地にある地形などを、守り、活用していこうという取り組みが、ジオパークの活動です。ジオパークは、地球科学的に価値のある自

然遺産、すなわち地形や地質の露頭などを保全し、それを教育や観光の対象として活用し、地域の持続可能な開発を進めていこうというプログラムです。

人類は過去、地質に価値を見いだしてきましたが、それは採掘され、消費されてきました。また、地形は人間の生活を便利にするためにさまざまな形で改変されてきました。こうした開発行為によって、世界のさまざまな価値ある地質や地形が失われてきました。地質や地形は、地球の長い歴史の中でつくり出されてきたものです。そうしたものを、消失させてしまうのではなく、持続可能な形で利用していこうとするのがジオパークの活動です。

1つの活用方法が、大規模な地形改変などをせずに観光の対象にすることです。特に優れた景観でなくても、地形や地質の成立の過程を研究で明らかにすることができれば、その場所の科学的な価値は向上します。そして、それを来訪者に伝えることができれば、興味を持つ人は増え、観光客も増えるでしょう。そして、その場所は地域の人たちにとってさらに重要な場所になり、そこが保全されていくことになります。このようなしくみで、地形や地質を持続可能な形で活用し続けることになります。これは生物そのものや生態系を保全しながら観光に活用することで発展してきたエコツーリズムの一種といえ、ジオツーリズムと呼ばれています。

また、世界的にユネスコがこのプログラムを進めており、世界的に価値や活動が評価されたところは、ユネスコグローバルジオパークとして認定されています。日本ではこのしくみに準拠して、日本ジオパーク委員会により日本ジオパークが認定されています。

きほんミニコラム

地名と地形

地名には、その土地の様子をよく示しているものがあります。昔の人は、地形をよく見て、その場所の名前をつけていたようです。

大きな岩がたくさんある場所は、岩がゴロゴロしているので、ゴーロという名前をつけられることがあります。例えば、箱根にある強羅は早雲山の麓にあります。そこには溶岩の大岩がたくさんあるため、ゴーロ→ゴウロ→ゴウラという地名になりました。飛騨山脈にある野口五郎岳や黒部五郎岳の五郎もゴーロに由来します。野口五郎岳の野口は、その麓の村の名前です。黒部も同様です。歌手の野口五郎は、この野口五郎岳から芸名を取ったそうです。

川の蛇行は、英語では meander といいます。トルコを流れるメンデレス川に由来しています。この川では蛇行が顕著だったために、川の名前が地形の名称になりました。日本でも、蛇行している場所でツルマキ、ツルマという地名がつけられている場所があります。これは、古語で水流のことをツルといい、それが巻いて流れているのでツルマキ、ツルマという地名になったという説があります。また、植物の蔓、あるいは弓の弦（外した状態）は細く曲がっているので、その曲がっている状態からツルになったという説もあります。いずれにせよ、細長く、くねくねしている川の特徴が元になって地名がつけられています。

Chapter 6

地形を調べる

地形の観察方法

私たちの身の回りには地形が広がっています。その地形から、それぞれの場所の形成過程を読み取ることができます。地形をよく観察して、その場所がどのようにつくられてきたのか考えてみましょう。

地形は、複数の面の集合体として考えます。この面は、きれいな平面の場合もありますが、多少ゆがんでいる曲面の場合もあります。そして、同じ面であれば、同じ働きでつくられたものと考えます。この面と、その境界になる線とを、地形を観察して見いだすことが大事です。

まずは、広い範囲の地形を観察して、どのように面が広がっているのか、その境界となる線がどこにあるのかを考えてみましょう。あたり一面が見渡せる展望台や高い場所から、地形を見て考えてみましょう。

地形を観察するときには、その風景をスケッチするとよいでしょう。美しい絵画にする必要はありません。同じ働きでつくられた地形はどこまで広がるのか、といったことを考えながら地形をスケッチすると、だんだんとその場所の地形が、どのような面と線で構成されているかが見えてくると思います。

全体の地形がおおよそ区分できたら、今度はそれぞれの面がどういった順番でつくられていったのかを考えてみます。例えば、谷があった場合には、もともとあった平らな場所を川が削り込んで谷の地形ができたと考えられるので、平らな面よりも、谷は新しい地形であると考えます。平野に活断層による地形のずれがあれば、その土地ができてから活断層が動いたと考えます。そのようにして、それぞれの地形がどのような順番でつくられたのかを考えていきます。

①
②-②'
③
④
① 山の斜面が削られてできる
② 山の麓に土砂が堆積する
②'土地が隆起して台地になる
③ 川が下がり、山地に土砂が堆積する
④ 活断層がずれて、平野の土地が変形する

地形図・空中写真の使い方

地形を観察するときは、地形図を用意しましょう。地形図は国土地理院という国の機関が発行しています。日本全国すべての場所について、等高線と地図記号を使って、2万5千分の1、あるいは5万分の1の縮尺で、それぞれの場所を表現しています。大きな書店では販売していますが、販売しているところが少ないので、日本地図センターの通信販売を利用するとよいでしょう。

この地形図はインターネットで閲覧することができます。地形図の発行元である国土地理院が管理している「地理院地図」というウェブサイトを使うと、地形図のほか、各種の地形の情報を閲覧することができ、印刷も可能です。

人工改変される前の古い時代の地形を調べるときは、過去に発行された地形図を見るとよいでしょう。古い地形図のことを旧版地形図といいます。これは茨城県つくば市にある国土地理院か、全国の国土交通省地方測量部で閲覧することができます。インターネットでも公開されていて、必要なものはそのコピーを買うことができます。多くの地域の旧版地形図は、「今昔マップ」、「ひなたGIS」、「全国Q地図」というウェブサイトからも閲覧することができます。

地形図には表現されない、詳細な地形の状況を観察するには、空中写真を利用した実体視をするとよいでしょう。空中写真は、セスナ機から少しずつずらして撮影されているため、2枚の写真を右目と左目でそれぞれ見ると、立体的に地形が浮かび上がります。この空中写真は、地形図を作成するために撮影されているものです。こちらは国土地理院のウェブサイトから閲覧、印刷することができます。

実体視のしくみ

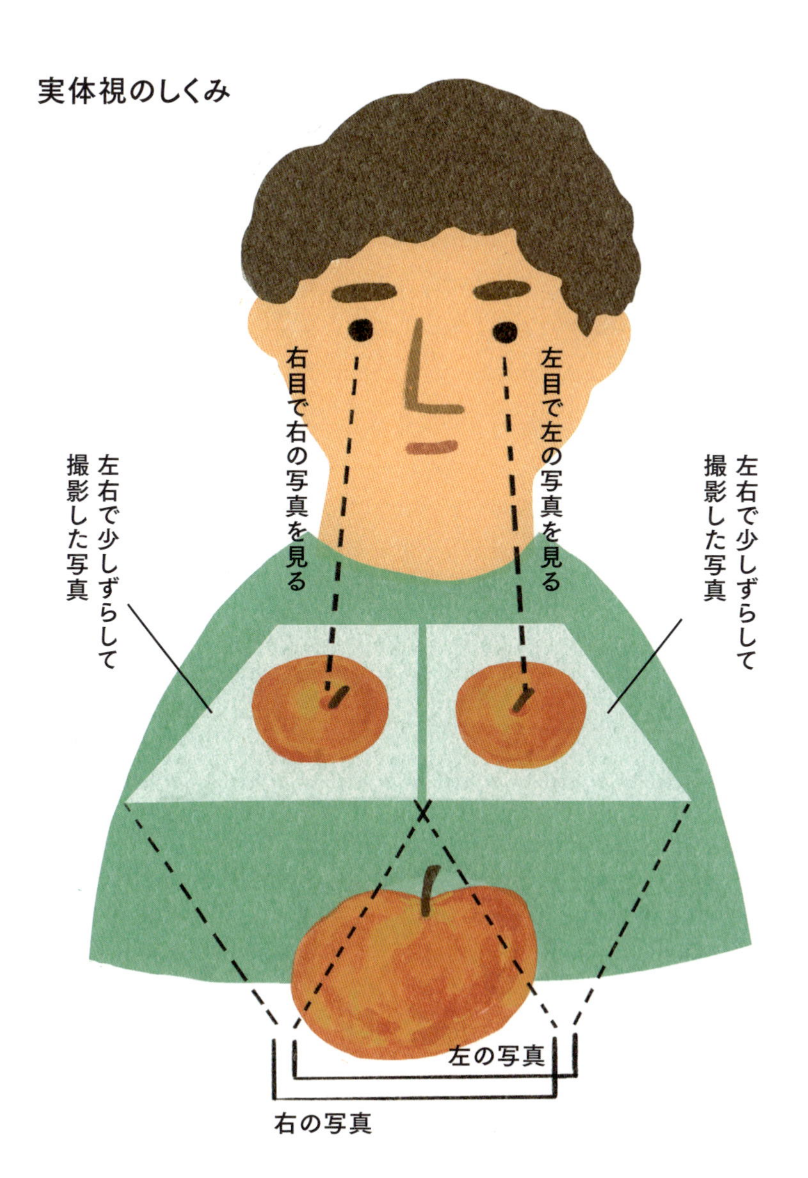

右目で右の写真を見る
左目で左の写真を見る
左右で少しずらして撮影した写真
左右で少しずらして撮影した写真
左の写真
右の写真

実験で地形をつくる

地形がつくられていく時間の長さは、大きな地形であればあるほど長くなります。平野や山地などの地形は、その変化の途中は観察できますが、長期的にどのように変化していくのかを見ることは、とてもできません。突発的に起こる現象についても、それがどこで発生するのかわからないので、観察するのは難しいことです。普段の晴れた日に川を見ても、川底で石ころは動いていません。そこで、実験で地形のミニチュアをつくり、地形の変化を観察するということが行われています。

川が流れるときに砂をどのように流すのか、そしてどのような地形ができるのかは、合板を使って幅の広い水路をつくり、そこに水と砂を流すことで実験できます。水路に砂を敷いてそこに水を流すと、水と一緒に砂粒が移動していきます。そして、だんだんと特徴的な地形がつくられていきます。勾配は、水路の上端や下端の高さを調整することで変えることができます。また水は、水道からホースを使って水路の上端から流しますが、これも水量を変えることができます。こうしていろいろな条件で水を流して、地形がどのように変化するのかを見て、川の地形がどのようにしてできるのかを考えてみましょう。

山の地形の実験も、砂で山をつくることにより行うことができます。砂山にシャワーで水をかけると、どのように崩れていくのか、また、どのように流された砂が麓にたまっていくのか観察することができます。台の上に砂山をつくるのであれば、その台に強い振動を与えて、地震のときにどのように山が崩れるのかを観察することもできます。材料を変えたり、湿り気を変えたりすることで、変化のしかたが変わるので、いろいろ工夫してみてください。

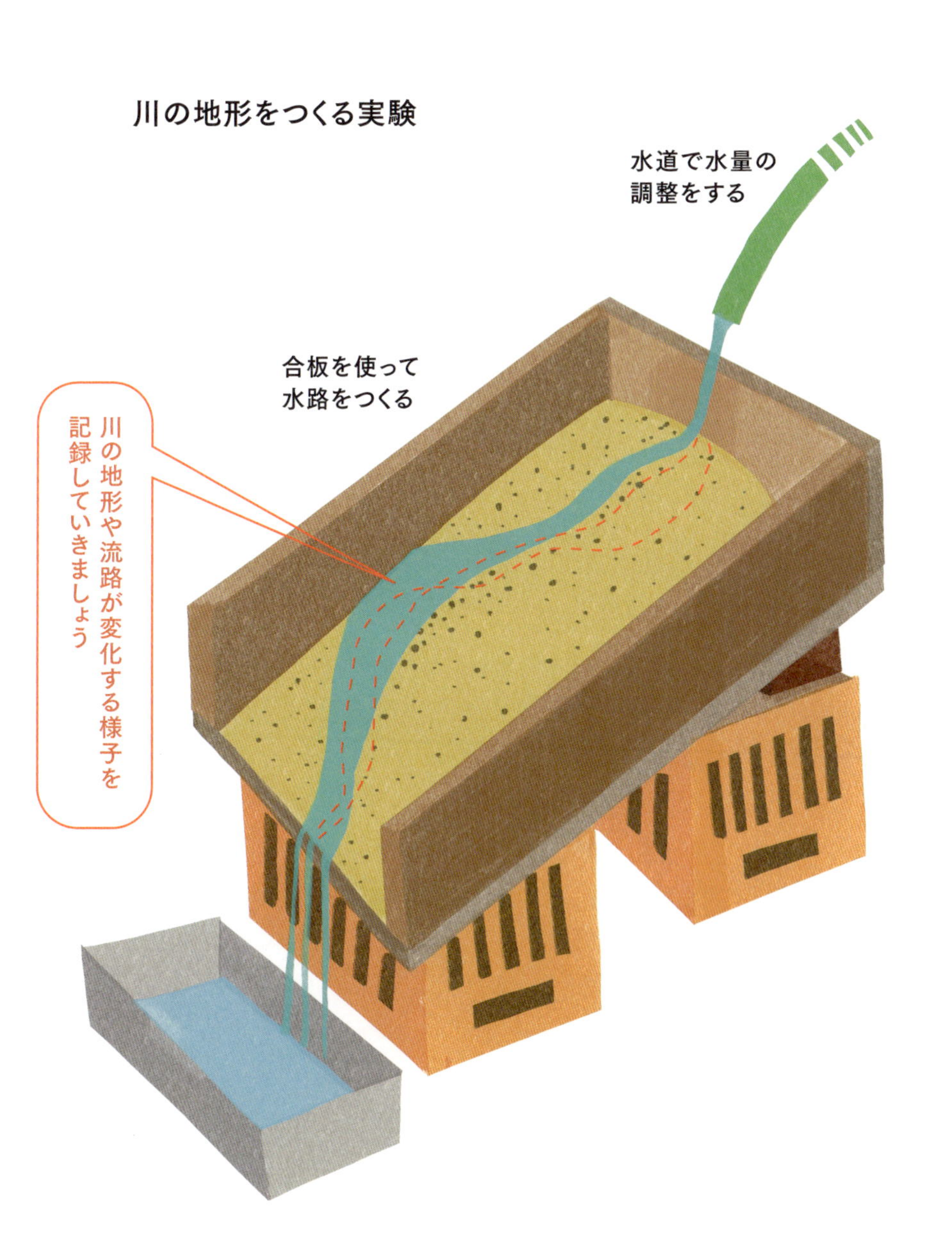
川の地形をつくる実験
水道で水量の
調整をする
合板を使って
水路をつくる
川の地形や流路が変化する様子を
記録していきましょう

地形の研究を発展させた人

地形の研究は、古くは地層や岩石から調べる地質学者によって行われてきました。その後、地形のつくられ方や、その地形を生み出す場所の条件など、地形に特化して研究が行われるようになり、地質学から独立していきます。日本でも地質学の教育を受けた人の中から地形学者が生まれ、その後、主に自然地理学の分野で、地形学の教育が行われていくようになります。多くの研究者により地形の研究は進められてきましたが、ここでは、その中から４人を紹介します。

○デイヴィス　William Morris Davis（アメリカ合衆国、1850-1934）

1889 年に、山地の隆起と河川の侵食作用の組み合わせで、幼年期地形から壮年期地形、老年期地形へと変化し、最終的には準平原になり、その発達は繰り返し起こるという侵食輪廻説（しんしょくりんねせつ）を唱えました。

○ギルバート　Grove Karl Gilbert（アメリカ合衆国、1843-1918）

河川の作用に関する研究や、第四紀の気候変化にともなう段丘（だんきゅう）地形の形成の研究、アイソスタシーに関する研究など、さまざまな分野で実証的な研究を行いました。

○A. ペンク　Albrecht Penck（ドイツ、1858-1945）

ヨーロッパアルプスで、過去に４回の氷河拡大期（寒冷期）があることを、氷河の堆積物や地形から明らかにしました。地形や堆積物を、過去の氷河作用、気候変動と関連付けて評価した先駆的な研究を行いました。

○山崎直方（日本、1870-1929）

ドイツに留学後、日本で氷河地形や火山地形、変動地形の研究を行い、日本で初めて氷河地形を認定しました。東京帝国大学で地理学科の最初の教授となり、日本の地理学の教育、研究の基礎をつくりました。

地形に関するさまざまな情報

日本各地の地形については、紙の地形図や、インターネットの地理院地図を使って、さまざまな情報を得ることができます。そのほかにも、地形に関するさまざまな情報がありますので、これらを手がかりにして、いろいろ調べてみてください。

■バーチャル地球儀システム

地球上にあるさまざまな地形の様子は、地図や衛星写真、空中写真といった画像を使って観察することができます。以前より地図は紙で提供されてきましたが、近年、これらの情報の多くは、インターネットで提供されるようになっています。それらは地球儀を使うような感覚で、各地の衛星画像や、さまざまなデータが閲覧できるようになっています。ここでは、無料で閲覧できるものを紹介します。なお、ここで紹介した各種サービスは、将来的にはサービス停止となったり、URL が変更されたりすることもありますので、ご注意ください。

●Google Earth
https://www.google.co.jp/earth/
Google 社提供。ウェブ用と PC 用（モバイル用）のバージョンがあります。各地の衛星画像や現地の写真を閲覧できます。この Google Earth の Project という機能を使って、「空から見る日本の地形」という日本国内の典型的な地形を見て回れるサイト（https://t.co/7t1i1SOevy?amp=1）を熊原康博さんらによってつくられています。

●Cesium
https://cesium.com/
さまざまなデータをデジタルの地球上に表現できるよう提供されているサービスです。

●ダジック・アース
https://www.dagik.net/
地球や惑星について、地形だけでなく気象や地震、火山活動など、さまざまな地球科学に関する情報を立体的な球体に投影する、教育目的のプロジェクトです。ウェブサイトでは、地球だけでなく金星や火星の地形も観察できます。

■地質図

地形は、それぞれの場所に分布する地質の影響を受けます。そのため、地形を観察する場合は、その場所の地質を調べておくと理解が深まります。これまで日本各地の地質は、主に地質調査所（現・産業技術総合研究所地質調査総合センター）によって調べられてきました。また、明治時代から各地の地質図が発行されてきました。それらの多くは、主に5万分の1の縮尺です。これらは解説書とともに販売されていますが、現在では、そのデータはダウンロードで入手することもできます。また、全国の情報をまとめた地質図もインターネットで閲覧できます。

●シームレス地質図
https://gbank.gsj.jp/seamless/
日本全国統一の凡例で編集されている地質図です。地図は20万分の1の地質図がベースになっています。

●地質図Navi
https://gbank.gsj.jp/geonavi/
これまでに発行された地質図の画像ファイル、各種GISデータ、説明書のデータがダウンロードできます。

■社会教育施設

都道府県立博物館のような大きな博物館では、地域の地学的な情報について、展示や解説があります。そこには専門の学芸員がいるので、気になることがあれば聞いてみるとよいでしょう。また、日本各地のジオパークには、ビジターセンターなどの拠点施設が設置されています。その展示から、その地域の地形について知ることができます。また、そこには地学を専門とするスタッフがいるので、地域の地形について教えてもらうこともできます。

■地形調査に必要な道具・便利な道具

屋外で地形を観察、調査をする際に必要な道具があります。

●フィールドノート
屋外で観察した事柄を記録する、専用の小型のノートがあります。表紙が硬くなっていて、スケッチなどを書き込みやすいように、ノートは罫線ではなくマス目になっています。コクヨ製、古今書院製、日本地質学会製のものなどがあります。

●クリノメーター
地形は、その場所の地質に影響を受けています。岩盤の割れ目の方向、地層の傾きの方向などを計測するときに、クリノメーターを使います。

●カメラ・スケール
現場では観察した事柄は、スケッチや写真で残します。写真を撮る際には、遠景を写すとき以外は、対象となるものにスケールを入れましょう。15cm程度の定規に、5cmごとに色をつけるなどして目立つようにしたものを自作してみましょう。

おわりに

2018年5月に、この本と同様にイラストを笹岡美穂さんに担当してもらった『地層のきほん』を刊行しました。笹岡さんのイラストは、地球科学の専門的なポイントを的確に押さえつつ、同時に多くの人にわかりやすいものとなっていました。そのおかげで、『地層のきほん』は多くの人に手に取っていただくことができました。

今回、笹岡さんと再びタッグを組み、今度は、私の専門としている地形についてつくったのがこの本です。地形に関するさまざまな現象や考え方を、ときには具体的に、ときには抽象的に、イラスト＋文章という表現の方法で示してみました。

『地層のきほん』執筆時から、持続可能な社会のあり方について考えることがあったので、前書でも、それについて記述をしました。最近はさらに、自然環境の基盤を担う地形を、より良い形で残していくためには、どうしたら良いのかということを考えているので、この本では、そういった内容の記述が増えました。まだまだ議論が深まっていないテーマですので、この本を手に取ってくださった、「地形」に関心を持たれている方々と問題意識を共有し、議論する機会ができればと思っております。

私の勉強不足のため、内容に関して、おかしな点があるかもしれません。お気づきの点がございましたら、ぜひ、お知らせください。

目代邦康

地球科学の情報を魅せるデザイン「サイエンスデザイン」の仕事を始めてちょうど10年が経とうとしています。日本で聞き慣れないこの仕事を始めた当初は、すべてが手探りで、いろいろ失敗をしながらもコツコツと自分なりの表現を行い、日々超えていく、修行のような日々だったように感じます（今でも修行は続いています）。

私が表現で心がけているのは、科学的に誤解のない表現であることと、説明しすぎないことです。専門的な情報を得ると「知識」を得た気になってしまいます。しかし、その「知識」は本当に自分の「知識」でしょうか？　それはいつかの誰かの「知識」であり自分で構築した知識とは異なります。自然や地球と向き合うとき、誰かの「知識」はヒントになりますが、それだけでは見えてこないことが、本当はたくさんあります。

私は自然に学ぶ姿勢を忘れないように日々心がけています。既存の知識をヒントに、目の前の地形から何が見えてくるか？　マクロとミクロの視点を持ち、過去にも未来にも思索を巡らせる。本書が、そんなヒントとなる一冊になってくれれば嬉しいです。

もし本書の表現でおかしな部分がありましたらご指摘ください。また、今回再び一緒にと声をかけていただいた目代さんに心より感謝申し上げます。

笹岡美穂

索引

【た】

索引

参考文献と書籍案内

本書の作成にあたり、多くの書籍、論文、ウェブサイトを参考にさせていただきました。
読みやすさを優先させ、本文中には引用を示しませんでした。
参考にさせていただいた文献は以下の通りです。

- 『建設技術者のための地形図読図入門（全4巻）』（鈴木隆介［著］／古今書院／1997-2012）
- 『地形を見る目』（池田 宏［著］／古今書院／2001）
- 『日本の地誌1 日本総論Ⅰ（自然編）』（中村和郎・新井 正・岩田修二・米倉伸之［編］／朝倉書店／2005）
- 『地形の辞典』（日本地形学連合［編］、鈴木隆介・砂村継夫・松倉公憲［責任編集］／朝倉書店／2017）
- 『写真と図でみる地形学 増補新装版』（貝塚爽平・太田陽子・小疇 尚・小池一之・野上道男・町田 洋・米倉伸之［編］、久保純子・鈴木毅彦［増補］／東京大学出版会／2019）
- 『地形学』（松倉公憲［著］／朝倉書店／2021）
- 『発達史地形学 新装版』（貝塚爽平［著］／東京大学出版会／2023）
- 『最新 地学事典』（地学団体研究会［編］／平凡社／2024）

地形について学ぶには、上記のほか、以下の書籍も有用です。

- 『山とつきあう』（岩田修二［著］／岩波書店／1997）
- 『大地にみえる奇妙な模様』（小疇 尚［著］／岩波書店／1999）
- 『日本列島の地形学』（太田陽子・小池一之・鎮西清高・野上道男・町田 洋・松田時彦［著］／東京大学出版会／2010）
- 『地形探検図鑑』（目代邦康［著］／誠文堂新光社／2011）
- 『東京の自然史』（貝塚爽平［著］／講談社学術文庫／2011）
- 『土地の「未来」は地形でわかる』（渡辺満久［著］／日経BP／2014）
- 『日本列島100万年史 大地に刻まれた壮大な物語』（山崎晴雄・久保純子［著］／講談社／2017）
- 『地形でとらえる環境と暮らし』（西城 潔・藤本 潔・黒木貴一・小岩直人・楮原京子［著］／古今書院／2020）
- 『日本列島の「でこぼこ」風景を読む』（鈴木毅彦［著］／ベレ出版／2021）
- 『なぜ、その地形は生まれたのか？』（松本穂高［著］／日本実業出版社／2022）
- 『大地の動きをさぐる』（杉村 新［著］／岩波現代文庫／2023）
- 『日本列島はすごい』（伊藤 孝［著］／中公新書／2024）
- 『日本の地形（全7巻）』（貝塚爽平ほか［編］／東京大学出版会／2000-2006）
- 『日曜の地学』シリーズ（築地書館）
- 『地学のガイド』シリーズ（コロナ社）

目代邦康(もくだい くにやす)
1971年神奈川県大和市生まれ。京都大学大学院理学研究科博士後期課程修了。博士(理学)。専門は、地形学、自然地理学。筑波大学陸域環境研究センター、産総研地質標本館、自然保護助成基金、日本ジオサービス(株)を経て、現在、東北学院大学地域総合学部准教授。

笹岡美穂(ささおか みほ)
1977年愛知県北名古屋市生まれ。自然科学系(特に地学)のサイエンスデザイナー。信州大学大学院工学系研究科修士課程修了。専門は地質学、堆積学。山梨県立科学館、産業技術総合研究所、御船町恐竜博物館、JAMSTEC、高知大学を経て、2015年より(株)SASAMI-GEO-SCIENCE代表。

装丁＋フォーマットデザイン　佐藤アキラ
DTP　水谷美佐緒(プラスアルファ)
校正　金子亜衣

やさしいイラストでしっかりわかる
山や平野はどうできる? 地震や大雨で崩れる土地とは?
地球の活動を読み解く地形の話

地形のきほん

2025年 1 月17日　発　行　　NDC454

著　　者　目代邦康・笹岡美穂
発 行 者　小川雄一
発 行 所　株式会社 誠文堂新光社
〒113-0033 東京都文京区本郷3-3-11
https://www.seibundo-shinkosha.net/
印 刷 所　株式会社 大熊整美堂
製 本 所　和光堂 株式会社

©Kuniyasu Mokudai, Miho Sasaoka. 2025　　Printed in Japan

本書掲載記事の無断転用を禁じます。

落丁本・乱丁本の場合はお取り替えいたします。

本書の内容に関するお問い合わせは、小社ホームページのお問い合わせフォームをご利用ください。

JCOPY 〈(一社)出版者著作権管理機構 委託出版物〉
本書を無断で複製複写(コピー)することは、著作権法上での例外を除き、禁じられています。本書をコピーされる場合は、そのつど事前に、(一社)出版者著作権管理機構(電話 03-5244-5088／FAX 03-5244-5089／e-mail:info@jcopy.or.jp)の許諾を得てください。

ISBN978-4-416-72371-5